算数だけで統計学！

石井俊全 著
Toshiaki Ishii

はじめに

　この本は、算数の言葉で"統計学の真髄"を解説する本です。読むのに必要な学力は、小学校卒業レベルを想定しています。

　中学校で習う数学の知識を前提としていません。中学で数学が嫌いになって、数学とは縁遠い生活を送ってきた人でも本書を読むことができます。

　「負の数って未だによく分かりません。

　　−5℃ってどういう意味ですか。」

　「文字式を見ただけでじん麻疹が出るんです。

　　方程式なんてとても解けません。」

　「ヘイ、ホウ、コン（平方根）ってなんですか？

　　ゴルフのスウィングのときのおまじないかな。」

　そんなご意見・ご感想をお持ちの方もご安心ください。この本では、負の数の入った計算も出てきませんし、文字式も扱いませんし、平方根という単語も用いません。ひたすら地を這うがごとく、算数の言葉で統計学の真髄を解説していきます。

　あっ、例外が1つだけありました。√（ルート）です。申し訳ないですが、これだけは使わせてください。でも、決して√（ルート）を既知として扱うことはしません。義務教育を修了した方でも√（ルート）を忘れている方も多いでしょう。日常生活の中では、パソコンやスマホで電車のルート検索はしても、2の√（ルート）計算はしないからです。ですから、この本ではルートという記号の意味や計算の仕方を知らないものとして一から丁寧に導入していきます。その際でも、平方根には触れませんし、中学3年生の期末試験に出るような√（ルート）について

の公式も述べません。統計学で必要となるところだけを抜粋して解説し、余計な解説は省きます。

この本は最小限の労力で統計学の真髄が分かる本なのです。

ここまで、"統計学の真髄"という言葉を何度か使ってきました。ところで、統計学の真髄とは何でしょうか。

私が思うに、統計学の真髄とは、一部のデータから、全体のデータの成り立ちを予想するテクニックのことです。

みなさんは、小学校で棒グラフ、円グラフ、帯グラフなど、データを図形で表す手法を学んだことでしょう。また、義務教育を終えた方は、すでにヒストグラムの書き方を知っているかもしれません。これらは統計学の中でも記述統計と呼ばれる分野で、データを分かりやすくまとめるためのテクニックの一つです。

統計学には、記述統計に対して、推測統計と呼ばれる分野があります。

例えば、みなさんは選挙報道で開票が進んでいないうちから当選確実の判断が下されることをご存知でしょう。また、テレビ視聴率の調査では、たった数百世帯のテレビにカウンターを設置し視聴率を調査することで、関東地区全体の視聴率を割り出しています。これらは推測統計のうちの"推定"と呼ばれる手法の応用です。

また、農業分野では品種改良・肥料の開発、医薬分野では治療法の改良・新薬開発といった、対照実験をしてより有効な条件を追究していくような現場があります。ここでは、確率の考え方を用いて有効性を上げるための最適な条件を絞り込んでいきます。これは推測統計の中でも"検定"と呼ばれる手法です。

推定も検定も、一部のデータからデータ全体の成り立ちを予測する推

測統計の例です。この推測統計こそが、統計学の真髄であり、世の中で一番役に立っているところです。特に検定は、科学の発展と技術の進歩を根幹で支えている手法であると私は考えます。

　この統計学の真髄を理解するには、本来は中学・高校で習う"確率"の基礎が固まっていなくてはいけません。ですから、現在の文部科学省（文科省）のカリキュラムでは、推定（この本でも解説する推測統計の手法）を学ぶ前に、確率の単元があります。

　しかし、確率の単元を完全に理解してから、統計学に進むというのでは、統計学の理解を目標にしている人にとっては、効率が悪く負担が大きすぎます。説明の工夫次第では、高校で習う確率のはじめの方だけを確認するだけで、統計学の説明に入っていくことが可能です。

　そこで、この本では中学校の数学や高校で学ぶ確率の単元の面倒なところをすっ飛ばして、統計学の真髄に算数の言葉で迫ろうと考えています。

　最低限の装備でみなさんを統計学の頂までお導きしようというのがこの本の企図です。

算数の言葉で説明

　できる限り多くのみなさんに統計学の真髄を伝えたいと考えたので、すべて算数の言葉で説明することにしました。文字式を変形したり、方程式を解いたりといった文字式の運算はしません。

　算数には負の数が出てきませんから、この本でも負の数を用いずに統計学の数理を解説していきます。逆に、中学校で負の数を習った人にとっては、まだるこしく感じる箇所もあるかもしれません。

　数学を使わないで解説するということは、数学が分かる人にとってはかえって読みづらいものです。これは、漢字が読める人にとって、平仮名だけで書かれた文章の方が漢字交じりで書かれた文章よりも読みづらいのと似ています。易しく書きすぎるとかえって読みにくいのです。易しすぎて読みづらいと思った人は、自分が数学ができるからそう感じるのだと納得し自信を持っていただければと考えます。

　小学校卒業レベルの実力をお持ちであれば、小数・分数の四則演算はおできになるでしょう。しかし、割合の3用法、速さの3用法などの分野は意外とてこずるのではないでしょうか。そこで、算数で既習の分野であっても復習しながら説明を進めています。

応用できる検定の例を紹介

　統計の数理を説明しようとすると、どうしても教科書っぽくなってしまいます。そこで、なるべくみなさんに馴染みのあるような話題で検定

の例を紹介することにしました。

　一つ目は、独立性の検定です。2018年、私立医学部の入試で女子受験者に不利な得点操作をしていたことが話題になりました。医学部の男女の合格率の比を計算して一覧表にした記事もありましたが、どれくらいの差があれば不正が行なわれているかまでは言及していませんでした。独立性の検定という手法を用いると、男女別の合格・不合格の人数から、不正が行なわれている可能性のある大学を統計学的にあぶりだすことができます（3章§6）。

　二つ目は、適合度検定です。みなさんが所属しているクラスやサークル、コミュニティで、「このコミュニティは血液型B型の人が多いなあ」などと特定の血液型の割合が多いと感じたことはありませんか。実は、調べてみるとこういう場合でも日本人の血液型組成から見ると誤差の範囲内であることが分かったりします。これはちょうど、コインを100回投げて表と裏の出る回数がぴったり50回ずつになることは逆に珍しく、50回から少しずれた回数になることと似ています。コミュニティの血液型組成のずれも、そのような確率的なずれの範囲に収まっている場合が多いのです。

　AKB48、乃木坂46、欅坂46のメンバー（以下、AKBメンバーと称する）168人の血液型を調べてみると、O型の人数が一番多くなっています（2019年1月現在）。ご存知のように日本人の血液型で一番多いのはA型です。このAKBメンバーの血液型組成は、日本人の血液型組成から比べて確率的なずれの範囲に収まっているのでしょうか。収まっていなければ、AKBメンバーは日本人の中でも血液型と相関のある基準によって選抜された特別な集団、真のスーパーアイドル（？）ということになるかもしれません。

　適合度検定を用いると、AKBメンバーの血液型組成が、日本人の血

液型組成と比べてO型が多い特別な集団であるか否かを統計学的に判定することができます（3章§7）。

これらの例が学習の駆動力となれば幸いです。

復習問題

本文中では「問題」、「復習問題」が数多く掲載されています。

「問題」の方は解く必要はありません。「問題」とあるので問題を解いてからでないと読み進めてはいけないと思う人がいるかもしれませんが、その必要はありません。「問題」の意図をくみ取ったら、すぐにそのあとに続く解説・答えを読み進めていきましょう。「問題」は説明のポイントを明確にするためのもので、みなさんの実力を試そうとして出しているわけではありません。

ただし、「復習問題」の方は既出の説明事項の確認ですから、ぜひ解いてみてください。すべての章に「復習問題」が付いているわけではありませんが、統計学の本筋でここは押さえておいて欲しいというところでは、「復習問題」を用意してあります。

「問題」の解説を読んで理解したと思っていても、理解が浅い場合がほとんどです。手を動かして類題を解いてみないと、理解は深まらないものです。「復習問題」を解いて頭と体で統計学を理解して欲しいと思います。「復習問題」は解き易いように穴埋め式になっています。理解を深めるためにぜひチャレンジして欲しいと思います。

高校までに習う統計学分野の事項を網羅

本文中では「小学校〇年生で習ったように」という文言が何か所か出てきます。これはみなさんに既習事項を思い出して欲しいと思って書いているわけではありません。ましてや「小学校〇年生で習っただろ」と

みなさんを強迫しているわけでもありません。むしろ、多くのみなさんにとって、小学校〇年生で習ったことがない事項である場合も多いと思われます。

　あえて触れたのは、「この部分は、現在の文科省のカリキュラムでは小学校〇年生で習う事項である」ということを確認して欲しいからです。統計学への社会的要請が高まる中、文科省の指導要領では、統計学に関連する単元を低学年に移行するように改変しつつあります。いまの人たちは、小学校〇年生からこんなことまで勉強するんだと、社会の現状を実感して欲しいのです。

　この本では、現在の小・中・高で習う統計学に関する分野の事項を網羅しました。これは社会人が身に付ける最低限の統計学的素養であると思うからです。

Excelでの計算法

　「データの平均・標準偏差の値を計算する」「2つの量に関するデータの相関係数を計算する」などは表計算ソフトExcel（エクセル）を用いて処理することが可能です。小学校の算数の授業でも表計算ソフトを用いています。一度手計算をして値の求め方を知った後は、表計算ソフトを用いて値を計算できるようになれば現実の問題にも対応できます。そこで、この本では表計算ソフトの使い方まで説明することにしました。

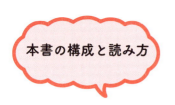

本書の構成と読み方

　本書の構成を説明するとともに、読み方についても触れておきましょう。

　本書は、本編、Column（コラム）、補習の3つのパートから成り立っています。

　本編にはこの本のテーマとなる統計学の真髄が、Columnには本編の補足や学校で習う統計学が、補習では読者がつまずきそうな単元の詳しい説明が書かれています。

　次ページの表にあるように、本編は1章の「記述統計」で4節、2章の「正規分布」で4節、3章の「推測統計」で8節からなります。これら本編をしっかりと読めば、統計学の真髄を理解することができます。

　ですから、初めてこの本を読む方は、ここだけを選んで読むことをおすすめします。本を全部読むのに越したことはありませんが、本編で統計学の幹となるところを固めてから、枝葉に手を伸ばしていくのがよいでしょう。

　さらには、本編の中でも3章の§6 独立性の検定、§7 適合度検定は、身近で馴染みのある話題を提供し、読者のモチベーションを高めるために用意した節ですから、読まなくても統計学の真髄を理解することはできます。また、少し納得ができないところが出てくるかもしれませんが、1章の§4も読まないで済ませることもできるでしょう。

　ですから、この本を読むと決めた方には、最低でも次を読んでいただきたいです。

　　第1章　§1、§2、§3　　　第2章　§1、§2、§3、§4
　　第3章　§1、§2、§3、§4、§5、§8

	本編	Column（コラム）	補習
第1章 記述統計	1：データを整理しよう	1：階級の取り方の目安を知ろう	1：比と割合を復習しよう 2：√（ルート）って何だ
	2：平均を計算しよう	2：代表値は3つある 3：仮平均で楽々計算	
	3：「散らばり」を捉える	4：箱ひげ図で散らばりを知ろう 5：Excelで計算しよう	
	4：度数分布表から平均・分散を求める	6：もう1つの「分散の求め方」	
第2章 正規分布	1：一方向に図形を伸ばす 2：モデルにあてはめる 3：正規分布の形を知ろう	7：無限和でも有限値になる 8：エクセルで正規分布を知る	
	4：正規分布をモデルとして使おう	9：偏差値なんて怖くない 10：正規分布で近似できるとき、できないとき	
第3章 推測統計	1：確率って何？ 2：「平均データ」を使いこなそう 3：推測統計の枠組みを知ろう 4：これが検定だ		
	5：標本が大きい場合に検定しよう	11：検定の結果が間違うとき	
		12：標本が小さい場合に検定しよう	
	6：独立性を検定しよう 7：適合度を検定しよう 8：区間推定しよう（標本のサイズが大きいとき）		
		13：区間推定しよう（標本のサイズが小さいとき） 14：視聴率調査には誤差がある	

Appendix　2変量のデータの相関を知ろう

これだけ読めば本書を読み切ったと言っても過言ではありません。この本を手に取っていただいたからには、必ずや統計学の真髄を掴んでほしいと願っています。

　なお、目次を見ると分かるように、これら本編は連続して読めるわけではありません。間にColumnが挟まっています。ですから、初めてこの本を読む人は、本編だけを選んで読んでいってください。

　では、Columnには何が書いてあるのか。Columnには、真髄の理解にはさほど重要でない周辺の話題や本編で理由なしで用いている事実の説明が書かれています。

　Column 2、3、4、**Appendix**は、真髄を理解するためには必要ありませんが、高校までで習う統計学の事項なので、この本でも解説しました。

　Column 5、8は、Excelの使い方についての基本的な説明です。Excelの詳しい使い方は、バージョンにより微妙な差がありますから、ネットで最新情報を得るのがよいと考えます。

　Column 1、9、10、11は、さらっと読める統計学の知識的内容です。本編に比べれば難しい内容ではないので、本編を読んでいて疲れたときに気晴らしで読んでみるとよいでしょう。

　Column 6、7は、算数の言葉で書かれていますが、内容的には数学を扱っていて難しいです。本編で説明されている事実が気になった人だけ読めばよいでしょう。

　Column 12、13は、小さい標本についての理論です。本編にある3章の§5、§8での大きい標本についての理論が分かっていれば、小さい標本の場合もパラレルに理解できるであろうと考えColumnにしました。

Column 14は視聴率の誤差について調べるという興味ある話題ですが、難易度が高いのでColumn扱いにしました。

補習は2編あります。小学校で習う「割合」と中学校で習う「ルート」です。「割合」はご存じだと思いますが、間違いやすい箇所があるので言及しておきました。「ルート」も日常生活の中では用いませんから、一度習ったことがあっても忘れている人が多いでしょう。今一度確認してみてください。

次に、本書に限らず解説本・参考書を読むときのコツについて話しておきます。

この本は参考書ですから、小説を読むように最初から読んでそのまますらすらと理解できる本ではありません。初めて学ぶ統計学の用語が多く出てきます。参考書を読むときにネックとなることの一つは未知なる用語なのです。

用語を一度聞いただけで納得し、次に聞いたときにありありと意味が分かるという人は稀です。また、公式や計算手順についても、一度なぞっただけですぐに再現できる人はそうはいません。解説を読み進めていく中で、あれっ、この用語ってどういう意味だっけ、計算の仕方が分からない、と立ち止まってしまうことの方が普通です。そういうときは、面倒くさがらずにその用語や計算手順が初めて出てくるところに戻って、用語の意味、使い方、計算手順を確認してほしいと思います。公式・計算手順の確認のためには、「復習問題」を解いてみるとよいでしょう。

用語の意味を確かめるには索引からたどるのが通常ですが、それが面倒だという意見もあったので、リクエストのあった用語に関してWeb上に簡単なリストを作りました。意味が想起できるような表現にしてあ

ります。活用してみてください。

【用語集】

　また、今読んでいるところから少し先のページもパラパラと見ながら読み進めていくのも、こういう参考書を読むときのコツの一つです。ミステリーを読んでいるときは、後ろを見たら結末が分かって読む気が失せるという人もいるでしょう。しかし、この本はそもそも難しい題材を扱っているわけですから、先を見てどのように論が展開されるのかその結論を見据えた上で、あらすじを予想しながら読み進めていくので一向に構わないのです。

　つまり、本書のような参考書を読むときは、ページを順に読み進めていくのではなく、前に戻ったり後ろに飛んでみたり、刷毛で漆を塗るように、同じところでも2度、3度と読むようにするとよいのです。ぜひともそういう読み方を当然のこととして、本書の読解に取り組んでいただければと考えます。

CONTENTS

第1章 記述統計

補習 1	比と割合を復習しよう	20
Section 1	データを整理しよう	25
Column 1	階級の取り方の目安を知ろう	35
補習 2	√（ルート）って何だ	37
Section 2	平均を計算しよう	46
Column 2	代表値は3つある	51
Column 3	仮平均で楽々計算	53
Section 3	「散らばり」を捉える	56
Column 4	箱ひげ図で散らばりを知ろう	67
Column 5	Excelで計算しよう	70
Section 4	度数分布表から平均・分散を求める	74
Column 6	もう1つの「分散の求め方」	80

第2章 正規分布

Section 1	一方向に図形を伸ばす	86
Section 2	モデルにあてはめる	93
Section 3	正規分布の形を知ろう	96
Column 7	無限和でも有限値になる	113
Column 8	Excelで正規分布を知る	115
Section 4	正規分布をモデルとして使おう	117
Column 9	偏差値なんて怖くない	129
Column 10	正規分布で近似できるとき、できないとき	132

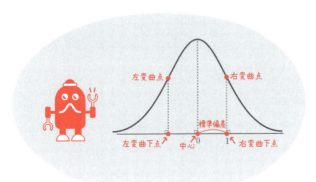

第3章 推測統計

Section 1	確率って何？	138
Section 2	「平均データ」を使いこなそう	149
Section 3	推測統計の枠組みを知ろう	156
Section 4	これが検定だ	163
Column 11	検定の結果が間違うとき	175
Section 5	標本が大きい場合に検定しよう	177
Column 12	標本が小さい場合に検定しよう	186
section 6	独立性を検定しよう	199
section 7	適合度を検定しよう	212
section 8	区間推定しよう（標本のサイズが大きいとき）	222
Column 13	区間推定しよう（標本のサイズが小さいとき）	232
Column 14	視聴率調査には誤差がある	241
Appendix	2変量のデータの相関を知ろう	247

第 **1** 章

記 述 統 計

　　記述統計は、データを整理して捉えることです。誰もが、小学校で円グラフ、棒グラフを描いたという経験をお持ちでしょう。これはもう立派な記述統計です。統計データをグラフィックに表現することでデータの特徴を把握するのです。

　　この章では、グラフの中でもヒストグラムと呼ばれる棒グラフに似たグラフを中心に扱います。これが3章の推測統計(統計学の真髄の部分です)の解析に役立つのです。

　　それとこの章では、推測統計攻略のために、平均、標準偏差という2丁拳銃をみなさんにお渡しいたします。平均、標準偏差は絡めて使うと効果的なのです。

　　平均の方は聞いたことがあるかもしれませんが、標準偏差の方は聞いたことがないという人がほとんどでしょう。「標準偏差」という四字熟語めいた字面に取り付きにくさを感じる人がいるかもしれませんが、イメージさえ掴めば恐れるに足りません。ぜひこの章で掌中のものとしてください。

補習1　比と割合を復習しよう

　算数の難所はいくつかありますが、そのうちの一つが割合の扱いです。統計学を理解するうえで欠かせないので、問題の形で復習していきましょう。

> **問題1**　5をもとにすると、15はいくつに当たりますか。

　図を描くと下図のようになります。

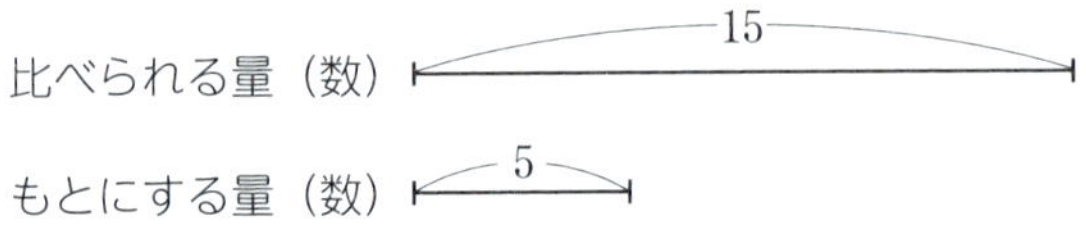

比べられる量（数）├─────15─────┤
もとにする量（数）├──5──┤

　問題文では単位がありませんでしたが、単位を付けるとイメージが湧きやすいです。5と15を比べているのですから、同じ単位を付けましょう。例えば、

　　　5gをもとにすると15gはいくつに当たりますか。

となります。

　「5をもとにする」というのは、「5を1とする」というのと同じです。小学校では「もとにする」という言い方が主流でしたが、「1とすると」という言い方が考えやすいと、個人的には思います。

　上の文をさらに言い換えると、

　　　5gを1倍とすると、15gは何倍に当たりますか。

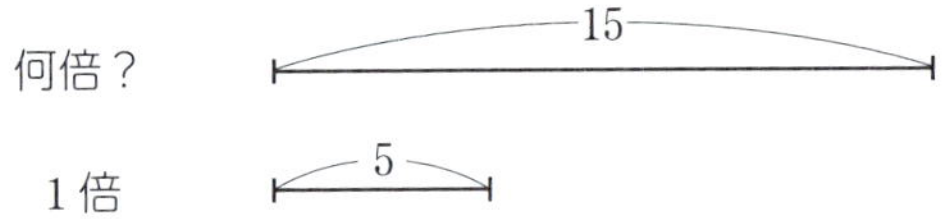

何倍？　├─────15─────┤
1倍　　├──5──┤

要は、

15gは5gの何倍ですか。

ということを聞いているわけです。ここまで言い換えると何をすればよいのか分かりますね。

「5をもとにすると15はいくつに当たりますか。」を

「15gは5gの何倍ですか。」

と、頭の中で言い換えられるようにしてください。

15gのうち5gが何個あるかを考えて、

15÷5＝3（倍）

となりますから、15は5の3倍です。

5をもとにすると、15は3に当たります。

「もとにすると」というところを「1とすると」と変えても同じです。

5を1とすると、15は3に当たります。

これが割合の基本構文となります。

ここで5は「もとにすると」というので「もとにする数」、

15は「比べられる数」、3は「割合」です。

つまり、割合を求めるには、

（比べられる数）÷（もとにする数）＝（割合）
　　　　　　　　　1とする数

となります。割合という言葉を使うと前の文は、

5をもとにすると、15の割合は3です。

となります。

さて次にこの公式の確認の意味を込めて、問題を解いてみましょう。

問題2 (1) 8をもとにすると6の割合はいくらですか。
(2) 1.2をもとにすると0.3の割合はいくらですか。

(1) 「もとにする数」が8、「比べられる数」が6ですから、割合は、

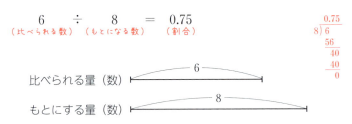

になります。「もとにする数」で割ることに気を付けてください。

　大きい方の数 (8) を小さい方の数 (6) で割りたくなる人がいますが間違いです。「比べられる数」を「もとにする数」で割らなければなりません。

　「もとにする数」が「比べられる数」よりも大きい場合には、割合は1よりも小さくなります。これは感覚として身に付けておいて欲しい重要なことです。実はこの本で出てくる割合は、「もとにする数」が「比べられる数」よりも大きい場合がほとんどです。

(2) 「もとにする数」が1.2で、「比べられる数」が0.3です。

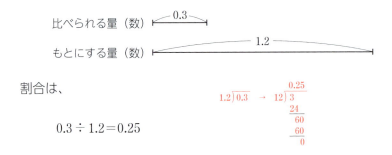

割合は、

$$0.3 \div 1.2 = 0.25$$

になります。分かっている人にとっては簡単ですが、小数にしただけでもハードルが上がる人がいるかもしれないので確認しました。

割合の計算の仕方を、構文とともにまとめておくと次のようになります。

割合の公式

　　□をもとにするとき（1とすると）、△の割合は、

　　　　△ ÷ □

と計算します。

　　□をもとにするとき、△の割合を○とすると、

　　　　△　　÷　　□　＝　　○
　　（比べられる数）　（もとにする数）（割合）

ここで割合の基礎を確認していただければと思います。

実は、この式は割合の3用法のうちの第1番目の式です。

3つ並べて書いておくと、

　　　　（比べられる量）÷（もとにする量）＝（割合）

　　　　（もとにする量）×（割合）＝（比べられる量）

　　　　（比べられる量）÷（割合）＝（もとにする量）

となります。一番間違いやすいので、第1式を中心に補足しました。

　この本で出てくるのは、第1式と第2式です。第2式は、一番理解しやすいはずです。一応、問題の形で確認しておきます。

問題 3　　12 の 30% はいくつですか。

「の」が付いている数（12）が「もとにする数」です。30％＝0.3ですから、

$$12 \times 0.3 = 0.36$$
（もとにする数）（割合）（比べられる数）

となります。

復習問題1

(1) 12 をもとにすると、9 の割合はいくつですか。

(2) 2.4 を 1 とすると、0.6 はいくつに当たりますか。

(3) 5 をもとにすると、2 の割合はいくつですか。

(4) 2 を 1 とすると、0.7 はいくつに当たりますか。

(5) 9 の 40％はいくつですか。

---

(1) ｱ ÷ ｲ ＝ ｳ　9の割合はｳです。

(2) ｴ ÷ ｵ ＝ ｶ　0.6の割合はｶです。

(3) ｷ ÷ ｸ ＝ ｹ　2の割合はｹです。

(4) ｺ ÷ ｻ ＝ ｼ　0.7の割合はｼです。

(5) ｽ × ｾ ＝ ｿ　9の40％はｿです。

解答

ｱ	9	ｲ	12	ｳ	0.75	ｴ	0.6	ｵ	2.4	ｶ	0.25
ｷ	2	ｸ	5	ｹ	0.4	ｺ	0.7	ｻ	2	ｼ	0.35
ｽ	9	ｾ	0.4	ｿ	3.6						

SECTION 1

 記述統計！

データを整理しよう

　さて、ここから統計学の本題に入っていきます。

　「統計を取る」、「データを取る」という言葉を聞いたことはあるでしょう。「データを取る」と一口にいいますが、解析に使えるようなデータを取ることは、実は難しいことなのです。東京都に住んでいるすべての12歳男子の身長の値を知ることは現実的にはできません。また、ある製品の耐用年数を調べるには、壊れるまで待たなければなりませんから時間がかかります。データを得るための方法論で1冊の本になってしまうくらい語るべきことはあります。しかし、そこから解説していくのは統計学の真髄を掌握するには迂遠ですから、データはすでに手元にあるものとして、データの整理の仕方から解説していくことにします。

　「あるクラスで、男子の身長のデータを取る」といえば、このクラスの男子の身長を表す数値を集めることです。「統計を取る」、「データを取る」といえば、特定の集団についての数値を集めることを指しています。

　数値を集めただけでは、その集団が持っている数値に関する特性を理解することはできません。集めた数値から表やグラフを作ることで、集団が持つ数値の特性を理解することが可能になります。

　すでに、みなさんは小学校3年生で、表の作り方と棒グラフの描き方を勉強しました。この節では、ヒストグラムと呼ばれるグラフの描き方

を紹介しましょう。ヒストグラムは棒グラフと似ていますが、似て非なるものです。さて、どこが違うでしょうか。問題を解きながら解説していきます。

> **問題 4** あるクラスの男子 20 人が垂直跳びをしたところ、以下のような結果になりました。単位は cm です。
>
> 　　42、45、49、52、56、39、38、48、41、43、
>
> 　　43、53、48、47、52、57、41、37、47、38
>
> (1) この結果を表にまとめてください。
> (2) 表をもとにして、棒グラフにまとめてください。
>
> | 範囲 | 人数 |
> |---|---|
> | 35 cm 以上 40 cm 未満 | ア |
> | 40 cm 以上 45 cm 未満 | 5 |
> | 45 cm 以上 50 cm 未満 | 6 |
> | 50 cm 以上 55 cm 未満 | 3 |
> | 55 cm 以上 60 cm 未満 | 2 |
>
>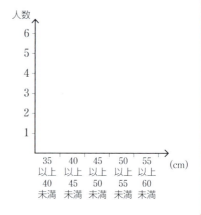

この問題の垂直跳びの結果のように、特定の事柄について調べた数値を**資料**または**データ**といいます。小学校の算数の単元には、「資料の整理」という単元がありました。ですから、小学校までは資料という用語の方を使うことが多いですが、この本ではデータと呼ぶことにします。

表のアには、35 cm 以上 40 cm 未満の人が何人いるかを数え、その人

数を書き込みます。4人いますから[ア]には4を書き入れます。

しかし、表に何も書かれていないところから表を埋めていくときは、データの中から35cm以上40cm未満の人を探して人数を割り出していくことは効率がよくありません。

データをはじめから読んでいき、

　　　　42について、40以上、45未満が1人、

　　　　45について、45以上、50未満が1人

　　　　　　……

というように、1人数えるごとに表の脇に「正」という字を1画ずつ書いていくと、データを読むのが一度で済みます。すべてを数え終わったら、人数の和を計算して、20人になることを確かめておきましょう。

こうしてデータの数を全部読むと下左表のようにまとまります。また、それを棒グラフに表すと、下右図のようになります。

範囲	人数
35cm 以上 40cm 未満	4	正
40cm 以上 45cm 未満	5	正
45cm 以上 50cm 未満	6	正一
50cm 以上 55cm 未満	3	下
55cm 以上 60cm 未満	2	丁

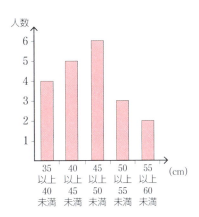

これをもとに統計学の用語を確認していきましょう。

このデータは、20人についてのデータです。データが含んでいる数の個数を、**データの大きさ**または**データのサイズ**と呼びます。このデー

タでは、データの大きさは20です。単位はつけません。

35 cm 以上 40 cm 未満、40 cm 以上 45 cm 未満というような範囲を**階級**と呼びます。階級は全部で5個あり、階級はどれも5 cm 刻みで設定されています。

この5（cm）のことを**階級幅**と呼びます。

また、階級の真ん中の値を**階級値**といいます。例えば、35 cm 以上 40 cm 未満の階級であれば、両端の値を足して2で割って、

$$(35+40) \div 2 = 37.5 \ (\text{cm})$$

です。

階級に属している人数を表す数を**度数**と呼びます。この例では人についてのデータでしたが、リンゴの重さのデータを階級ごとに整理したものであれば、表には各階級に含まれるリンゴの個数を書き入れることになります。この場合でも個数を表す数を度数と呼びます。度数という場合には単位を省略しても構いません。

範囲を階級に、人数を度数にして書き直すと下左表のようになります。

度数分布表

階級（cm）	度数
35 以上 40 未満	4
40 以上 45 未満	5
45 以上 50 未満	6
50 以上 55 未満	3
55 以上 60 未満	2
計	20

相対度数分布表

階級（cm）	相対度数	
35 以上 40 未満	0.20	$4 \div 20 = 0.20$
40 以上 45 未満	0.25	$5 \div 20 = 0.25$
45 以上 50 未満	0.30	$6 \div 20 = 0.30$
50 以上 55 未満	0.15	$3 \div 20 = 0.15$
55 以上 60 未満	0.10	$2 \div 20 = 0.10$
計	1.00	

前ページの左の表のようにデータに階級を設定し、階級に含まれる度数を書き込んだ表を**度数分布表**といいます。

　前ページの右の表がどのように作られているのか説明してみましょう。

　データの大きさを1としたときの度数の割合を**相対度数**といいます。

　55cm以上60cm未満の階級の度数は2ですから、データの大きさ20を1とすると、2の割合は2÷20＝0.10です。

　55cm以上60cm未満の階級の相対度数は0.10になります。

　公式としてまとめておくと、

$$(相対度数) = \frac{(度数)}{(データの大きさ)}$$

となります。

　前ページの右の表は階級の右隣に相対度数を書き並べた表になっています。このような表を**相対度数分布表**といいます。表に現れる相対度数をすべて足すと1になります。

　この本の目標である検定・推定では、度数よりも相対度数の方が重要な役割を果たすことになります。

　さて、グラフに目を転じてみましょう。

　棒グラフを描きなさいという設問でしたが、次ページのグラフは隣どうしの棒がくっついていますね。小学3年生で学んだ棒グラフはすき間があいていたのではないでしょうか。度数分布表から棒グラフを描くときは、このように棒をくっつけて描きます。データの整理をして、すき間なく描いた棒グラフを、特に**柱状グラフ**または**ヒストグラム**と呼びます。棒よりも柱の方が太いぞ、というわけです。なお、この本では柱状グラフとヒストグラムのうち、ヒストグラムという呼び名を採用するこ

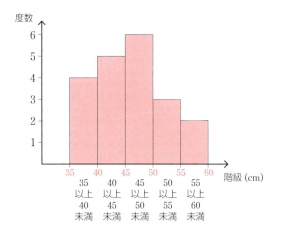

とにしましょう。小学校の「資料の整理」の単元では柱状グラフという呼び方が多いようですが……。

　棒グラフとヒストグラムの違いは形状の違いだけではありません。棒グラフは、3人の身長を表すときにも使えます。3本の棒の長さを用いて、3人の身長を表すのです。一方、ヒストグラムは、つねによこ軸に階級を順に並べ、たて軸に度数を取ったグラフになっています。

　棒グラフでは、棒を並べる順に意味がなければ、棒を入れ替えても構いません。例えば、各国の人口を表す棒グラフであれば、棒の位置を入れ替えて（国どうしを入れ替えて）描いても構いません。しかし、ヒストグラムでは、柱を入れ替えることは階級を入れ替えることですから、そのようなことはしてはいけません。棒グラフとヒストグラムには、このような内容上の違いもあります。

　上のグラフでは説明のために階級を言葉で説明していますが、よこ軸に目盛りが振ってあれば階級は分かります。言葉による説明はない方がすっきりします。

　棒グラフは棒と棒の間にすき間があっても構いませんが、ヒストグラムはすき間があってはいけません。なぜ、ヒストグラムにはすき間があ

ってはいけないのでしょうか。2章まで読めば自然とその理由が分かります。

さてここで、相対度数と面積の関係について重要なことを問題の形で確認しておきたいと思います。

> **問題 5** ソフトボール投げの記録を取り、相対度数分布表とヒストグラムにすると次のようになりました。ヒストグラム全体(太線で囲まれた部分)の面積を 1 とするとき、網目部の面積はいくつに当たりますか。
>
> | 階級 (m) | 相対度数 |
> |---|---|
> | 10 以上 15 未満 | 0.10 |
> | 15 以上 20 未満 | 0.15 |
> | 20 以上 25 未満 | 0.25 |
> | 25 以上 30 未満 | 0.35 |
> | 30 以上 35 未満 | 0.10 |
> | 35 以上 40 未満 | 0.05 |
>
>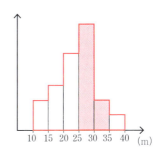

25 以上 30 未満の相対度数は 0.35 であり、30 以上 35 未満の相対度数は 0.10 ですから、これらを合わせた、25 以上 35 未満の相対度数は、

$$0.35 + 0.10 = 0.45$$

になります。これがそのまま答えになります。ヒストグラム全体の面積を 1 とするとき、網目部の面積は 0.45 になります。

この計算の仕組みについて少し説明しておきましょう。

相対度数とはデータ全体を 1 としたときの度数の割合のことでした。このことから、階級の相対度数 (例えば、階級 25 以上 30 未満の相対度

数の0.35)は、ヒストグラム全体の面積を1とするときのその階級(25以上30未満)に対応する柱の面積の割合に等しくなるのです。それで、上のような計算によって、面積の割合を求めることができるわけです。

この見方はこの本を読み進めていくうえで基本になることなのでまとめておきます。

相対度数＝面積の割合

(階級の相対度数)＝(ヒストグラム全体の面積を１としたときの
階級を表す柱の面積の割合)

ここで、「分布」という言葉の使い方にも慣れておきましょう。

「分布」とは、データ全体の様子を指しています。ですから、

　　　データが度数分布表のような分布を持つ

　　　データがヒストグラムのように分布している

などという用い方をします。

データ全体の様子、すなわち「分布」を、

　　　表にまとめたものが度数分布表、相対度数分布表、

　　　グラフにまとめたものがヒストグラム

です。

復習問題 2 あるクラスの女子 20 人が垂直跳びをしたところ、以下のような結果になりました。単位は cm です。

41、43、46、48、49、42、43、46、34、48、

38、32、47、47、41、49、38、41、44、42

(1) このデータを度数分布表にまとめ、相対度数分布表、ヒストグラムを作ってください。

(2) ヒストグラム全体の面積を 1 とすると、ヒストグラムの 40 以上の部分の面積はいくらに当たりますか。

度数分布表

階級（cm）	度数
30 以上 35 未満	
35 以上 40 未満	
40 以上 45 未満	
45 以上 50 未満	

相対度数分布表

階級（cm）	相対度数
30 以上 35 未満	
35 以上 40 未満	
40 以上 45 未満	
45 以上 50 未満	

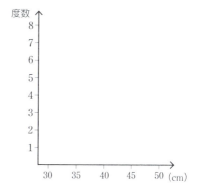

(1)

度数分布表

階級（cm）	度数
30 以上 35 未満	2
35 以上 40 未満	2
40 以上 45 未満	8
45 以上 50 未満	8

ヒストグラム

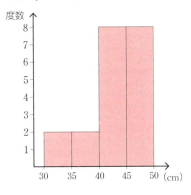

相対度数分布表

階級（cm）	相対度数
30 以上 35 未満	0.10
35 以上 40 未満	0.10
40 以上 45 未満	0.40
45 以上 50 未満	0.40

(2) 40以上45未満の相対度数が ア 、45以上50未満の相対度数が イ なので、

40以上の相対度数は、

$$\boxed{ア} + \boxed{イ} = \boxed{ウ}$$

になります。相対度数は、ヒストグラム全体の面積を1とするときの該当する柱の面積の割合に等しいので、答えは、 ウ になります。

解答

ア 0.40   イ 0.40   ウ 0.80

Column 1　階級の取り方の目安を知ろう

　前節の問題では、はじめから度数分布表に階級が与えられていました。しかし、現場でデータを扱うとき、はじめから階級が与えられているわけではありません。データの整理をするために、階級を設定しなければいけないという状況の方が多いでしょう。そこで、階級の設定の仕方の1つを紹介しましょう。

　データの大きさから階級の個数を決めるには、次の表をおおよその目安にするとよいでしょう。この表は**スタージェスの公式**と呼ばれるデータの大きさと階級の個数の関係を表す式をもとに作っています。

データの大きさ	階級の個数
4 から 7	3
8 から 15	4
16 から 31	5
32 から 63	6
64 から 127	7
128 から 255	8
256 から 511	9
512 以上	10

　データの最大値と最小値の差を、階級の個数で割った値よりも少し大きい値が階級幅の目安となるでしょう。この値で階級幅を取り、割った「階級の個数」だけ階級を用意すれば、最小値から最大値までカバーできます。

　例えば、問題4では、データのサイズは20でした。ですから、上の表から階級の個数は5ぐらいがよいと判断できます。問題4では、最大値

が57、最小値が37ですから、(57−37)÷5＝4より、階級幅は4よりも少し大きい値が適当であると考えられ、5を選ぶとちょうどよいわけです。

　もちろん、階級幅に5を選んだ理由には、35、40、…、など区切りがよい数を選ぶことができるということもあります。

　これはあくまでも目安の一つでこだわることはありません。

　階級の取り方によっては、同じデータであっても異なる様相のヒストグラムになることもありますから、実はナーバスな問題です。

| 補習2 | √（ルート）って何だ |

統計学の話を進めるにあたって必要な、"ルート"という演算（計算の仕方）を紹介しましょう。自信のある方は飛ばして構いません。

一言で言うと、ルートの計算は、2乗の計算の逆の計算なんです。2乗の計算って何？　はい、大丈夫です。2乗の計算から説明していきます。

2乗の計算ができるようになると、あなたの身長から適正体重を求めることができますよ。ルートの計算ができるようになると、あなたの身長・体重から、あなたの体表面積を計算することができます。

さあ、あなたの体表面積はたたみ1畳よりも大きいでしょうか、小さいでしょうか。

この補習2の終わりで計算してみてください。

さて、みなさんは九九を小学校2年生で習いました。この中で同じ数どうしを掛ける九九があります。

$1 \times 1 = 1$（いんいちがー）　　　$2 \times 2 = 4$（ににんが四）

$3 \times 3 = 9$（さざんが九）　　　$4 \times 4 = 16$（しし十六）

……　　　　　　　　　……

このように2つの同じ数を掛けることを「2乗する」といいます。「乗」とは掛け算のことを意味しています。2つの同じ数を掛けるので「2乗する」というのです。$5 \times 5 = 25$（ごご二十五）ですから、5の2乗は25です。

数学では5^2と書いて、5の2乗を意味します。この記法を用いると、

$$5^2 = 25$$

となります。

2乗の計算というのは、1辺の長さが与えられたときの正方形の面積を求めるときに用いる計算法なのです。1辺が5cmの正方形の面積は、$5 \times 5 = 25 \,(\text{cm}^2)$ です。

面積は　$5 \times 5 = 25 \,(\text{cm}^2)$

この2乗という言葉を用いた問題を解いてみましょう。

> **問題6**　次のそれぞれの□にあてはまる数を書いてください。
> (1)　8の2乗は□です。
> (2)　15の2乗は□です。
> (3)　□の2乗は49です。
> (4)　□の2乗は169です。

(1)　$8 \times 8 = 64$（はっぱ六十四）なので、□ = 64 です。

(2)　九九の範囲を超えているので、筆算（または計算機）で、

$$15 \times 15 = 225$$

となりますから、□ = 225 です。

(3)　九九の中で同じ数を掛けるものを思い出すと、

$$7 \times 7 = 49 \text{（しちしち四十九）}$$

ですから、□＝7です。

（4） さて、もう九九に頼るわけにはいきません。

10の2乗から順に計算していきましょう。

$$10 \times 10 = 100、11 \times 11 = 121、12 \times 12 = 144、13 \times 13 = 169$$

13の2乗が169であることが見つかりました。□＝13です。

（3）、（4）では、2乗すると与えられた数になるような数を見つけました。

ここでこの補習2の目標である「$\sqrt{}$（ルート）」を紹介しましょう。

2乗して4になる数を$\sqrt{4}$と書き、「ルート4」といいます。2乗して4になる数は2ですから、$\sqrt{4}=2$が成り立ちます。

2乗して9になる数を$\sqrt{9}$と書き、「ルート9」といいます。2乗して9になる数は3ですから、$\sqrt{9}=3$が成り立ちます。

この例で、4、9のところにはどんな数を入れても構いません。

2乗して6になる数を$\sqrt{6}$と書き、「ルート6」といいます。

$\sqrt{6}$なんてあるの？　と思った方、鋭いです。その話はあとですることにします。

4に対して$\sqrt{4}$の値を計算することを、「ルートを取る」と表現します。

4の$\sqrt{}$（ルート）を取ると2（＝$\sqrt{4}$）になります。「ルートを取る」を「$\sqrt{}$（ルート）記号を取り去る」ことだと思って、$\sqrt{4}$から4にすることだと覚えてはいけません。

4、9、6の代わりに□に置き替えて表現すると、ルートとは、

> **ルートの意味と表現**
> 2乗して□になる数を $\sqrt{\Box}$ と書き、「ルート□」といいます。
> □に対して、$\sqrt{\Box}$ の値を計算することを「ルートを取る」といいます。

□には勝手な数を入れて読むとルートの説明になっています。3つの□の中には同じ数を入れなければいけません（ただし、負の数を知っている人は、負の数を入れてはダメですよ）。

この記法を用いると、(3)、(4)の結果は、

$$\sqrt{49} = 7 \qquad \sqrt{169} = 13$$

と表すことができます。

はじめにルートの計算は、2乗の計算の逆の計算だといいました。

1辺が5cmの正方形の面積は $5 \times 5 = 25$（cm²）です。

では、面積が25cm²の正方形の1辺の長さは何cmでしょうか。これを求めるときに使うのがルートの計算なのです。この答えは、2乗して25になる数を求めるのだから、$\sqrt{25} = 5$（cm）となります。ルートの計算が、2乗の計算の逆の計算であるといった意味はこういうことです。

2乗の計算

ルートの計算

さて、新しい記号の練習もかねてルートの練習をしましょう。

問題7 次の□にあてはまる数を答えてください。

(1) $\sqrt{64} = \square$

(2) $\sqrt{196} = \square$

(3) $\sqrt{1.96} = \square$

---

(1) $\sqrt{64}$ は、2乗して64になる数のことです。

九九で$8 \times 8 = 64$（はっぱ六十四）ですから、$\sqrt{64} = 8$です。

(2) 問題6の（4）で、$13 \times 13 = 169$という計算をしています。

$14 \times 14 = 196$ですから、$\sqrt{196} = 14$です。

(3) 196と1.96は小数点の位置が異なっているだけです。

$14 \times 14 = 196$から、$1.4 \times 1.4 = 1.96$とすればよいことに気づきます。

$\sqrt{1.96} = 1.4$です。

次に、$\sqrt{6}$ について考えてみましょう。これは2乗して6になる数です。

やってみると分かるのですが、今までのように九九の中には答えが見つかりません。

そこで、2乗するという演算（計算の仕方）の性質を調べてみることにしましょう。

みなさんも薄々分かっていたかもしれませんが、2つの数を2乗したとき、もとの数の大小関係と、2乗した数の大小関係は一致します。

すなわち、4と5があったとき、$4 < 5$が成り立ちます。ここで、それぞれの数を2乗しても、$4^2 = 4 \times 4 = 16$と$5^2 = 5 \times 5 = 25$に関して、$16 < 25$が成り立ちます。

41

これに動きをつけて考えてみましょう。つまり、□とその2乗の数□×□で、□が増えれば、□×□も増えていきます。こんな感じです。

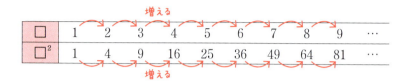

　上の表では、「2の2乗」の4の次が、「3の2乗」の9で、6を飛び越えてしまっています。このことから$\sqrt{6}$は2と3の間の数であると考えられます。

　$\sqrt{6}$の小数第1位を求めるために、2から0.1刻みで増やして、2.1、2.2、2.3、2.4、…を2乗してみましょう。

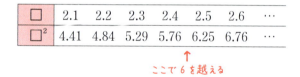

　$2.4 \times 2.4 = 5.76$、$2.5 \times 2.5 = 6.25$で、2.5のとき6を越えるようになります。このことから、$\sqrt{6}$は2.4と2.5の間にあることが分かります。

　次に小数第2位を決めるために、2.4から0.01刻みに2.41、2.42、……の2乗を計算していくと、2.44から2.45のところで6を越えることが分かります。

□	2.41	2.42	2.43	2.44	2.45	…
□²	5.8081	5.8564	5.9049	5.9536	6.0025	…

　　　　　　　　　　　　　　　　　　　　↑
　　　　　　　　　　　　　　　　ここで 6 を越える

このような計算をくり返し、順に$\sqrt{6}$がある範囲を狭めていくのです。実は、この作業は何回くり返しても終わることはありません。小数は無限に続いていきます。

　$\sqrt{6}$を表すと、
$$\sqrt{6} = 2.449489742\cdots$$
となります。…は無限に続いていくことを表しています。無限に続いていくので、$\sqrt{6}$のすべてのケタの数を表すことはできません。$\sqrt{6}$を例えば小数第8位までのおよその数で表そうとすれば、小数第9位を四捨五入して、$\sqrt{6}$はおよそ2.44948974であるといえます。

　$\sqrt{6}$の小数表示（途中まで）は、電卓やExcelで簡単に求めることができます。

　$\sqrt{}$キーのある電卓の場合は、6、$\sqrt{}$と押すと小数表示を求めることができます。機種によっては、$\sqrt{}$、6と読み方の順で押すものもあります。

　スマホのアプリの電卓でももちろんルートを計算することができます。iphoneの電卓（計算機）はよこにすると、関数電卓になります。

　Excelの場合は、適当なセルを選んで、「＝SQRT(6)」と書き込み、エンターキー↵ を押すとセルに$\sqrt{6}$の小数表示が現れます。

1 左クリックをしてセルをアクティブにする
2 ＝SQRT（6）と書き込み、⏎を押す

　ここまでで、2乗の計算、ルートの計算まで分かっていただけたと思います。そうなりますと、適正体重や体表面積の求め方を紹介することができます。適正体重は、

$$(適正体重) = (身長)^2 \times 22$$
$$\quad [\text{kg}] \qquad\quad [\text{m}]$$

という式で求めます。身長が 165 cm であれば、単位を m にすると、身長 1.65 m ですから、適正体重は、

$$1.65^2 \times 22 = 59.895 \ (\text{kg})$$

と計算できます。身長 165 cm の人の適正体重は 60 kg であるということです。

　体表面積は、

$$(体表面積) = \sqrt{(体重) \times \sqrt{(身長)^3}} \times 0.007$$
$$\quad [\text{m}^2] \qquad\quad [\text{kg}] \qquad\quad [\text{cm}]$$

という式で計算します。この式の中に " ^{3} " という記号が出てきます。これは 3 乗を表します。$5^2 = 5 \times 5$ でしたから、5^3 であれば、$5^3 = 5 \times 5 \times 5$ となります。それでも複雑な式ですから、計算の手順を示しておきます。

　① 身長 [cm] の 3 乗を計算する

② ①の答えのルートを取る

③ ②の答えと体重［kg］を掛ける

④ ③の答えのルートを取る。

⑤ ④の答えに0.007を掛ける。

という計算手順です。身長169cm、体重65kgの人であれば、

$$\sqrt{65 \times \sqrt{169^3}} \times 0.007$$

という式になります。手順に従って、

① $169^3 = 169 \times 169 \times 169 = 4826809$

② $\sqrt{4826809} = 2197$

③ $65 \times 2197 = 142805$

④ $\sqrt{142805} = 377.9$ （377.89を小数第2位で四捨五入して）

⑤ $377.9 \times 0.007 = 2.65$ （2.6453を小数第3位で四捨五入して）

となりますから、この人の体表面積は2.65m²です。たたみ1畳は、江戸間で1.549m²、京間で1.824m²ですから、この人の体表面積はたたみ1畳よりも大きいということになります。

復習問題3

次のルートを求めてください。

(1) $\sqrt{225}$

(2) $\sqrt{1000}$ （計算機を用いてよい。小数第3位を四捨五入する）

解答

(1) 15　(2) 31.62 （31.622を四捨五入）

SECTION 2 平均を計算しよう

記述統計！

みなさんは小学校5年生で、平均という考え方を学びました。問題の形で復習しましょう。

問題8 ミホさんは、家族4人でクリ拾いをしました。結果は以下の表のようでした。

(1) 全部で何個拾いましたか。
(2) 平均すると、1人あたり何個のクリを拾ったことになりますか。

	父	母	ミホ	弟
個数	13	18	29	8

(1) 総数は、

13＋18＋29＋8＝68（個）

です。

(2) 1人あたりというのですから、これを人数で割ります。

68÷4＝17（個）

平均すると1人あたり17個のクリを拾ったことになります。

ミホさんの家族に関して、拾ったクリの1人あたりの平均個数は17個

であるといえます。

　平均を求めるには、まず家族が拾ったクリの総数を計算し、次に人数で割ればよいのです。この計算を一度に書くと、

$$(13＋18＋29＋8) \div 4＝17 （個）$$

　設問では、「平均すると、1人あたり」と聞かれましたが、

　　　　家族が拾ったクリの平均の個数はいくつですか。

と聞かれても、同じ意味になります。平均は17個です。

　平均の求め方の手順を言葉でまとめると、

```
平均の求め方
  ステップ1    データの総和を取り、
              （全部足して）

  ステップ2    データの大きさで割る
              （この場合は人数）
```

となります。

　平均の求め方を式でまとめると、

```
平均の計算式
    （データの総和） ÷ （データの大きさ） ＝ （平均）
```

となります。

　計算しやすいように少ない人数、少ない個数の場合で例示しましたが、人数が増えても、個数が多くなっても計算法は全く同じです。

平均の計算の仕方は上の通りです。次に、平均という計算が持つイメージを説明しましょう。

平均とは「平らにして均す、均して平らにする」という意味です。最近は「均す」という言葉は日常語ではないので通じないことが多いようですが大丈夫でしょうか。

みなさんは小さいころお砂遊びをしたことがありますか。お砂遊びの中で「均す」ことは体験しているはずです。あるけれど小さすぎて覚えていない！？　もっともです。

下左図のように凸凹になっていて高低差があるところで、高いところの砂を低いところの砂に持っていき、凸凹を平らにすることを「均す」といいます。「均して平らにする」のが平均です。

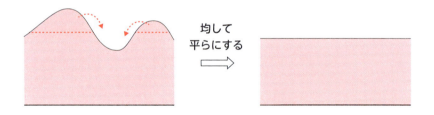

クリ拾いの問題に関して平均の計算がしていることは、クリを多くとった人から少なく取った人にクリを渡して、全員が同じクリの個数を持つようにすることです。この説明は、「平らに均す」という言葉の意味を知っていると、イメージしやすい腹にストンと落ちる説明になっていると思います。

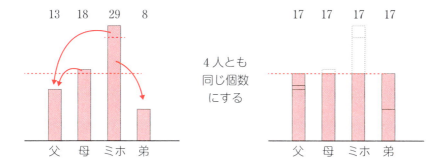

クリ拾いの場合、総和は家族が取ったクリの総数を表しているので意味がある数値でした。総和の意味するところがイメージできない場合でも、平均の計算の仕方は同じです。念のため練習しておきましょう。

> **問題9** タケシくんを含めて仲良し4人の身長は次のようでした。4人の平均身長を求めてください。
>
>   141   145   152   154   （単位 cm）

体重であれば総和を取ることに意味がありますね。エレベータに乗るときなど、体重の総和がエレベータの荷重限度を越えるとブザーが鳴ります。

身長を足すことには意味がないような気がしますが、平均の求め方にしたがって計算します。

$$(141+145+152+154) \div 4 = 148 \text{（cm）}$$
（データの総和）　　　（データの大きさ）

4人の平均身長は148cmです。

なお、この身長の例では、平らに均すことをリアルにイメージするの

は怖くなるので止めましょう。

> **復習問題 4** カオルさんを含めて仲良し 5 人の身長は次のようで
> した。5 人の平均身長を求めてください。
>
> 　　　　152　　　157　　　155　　　148　　　153　　　（単位 cm）

$$(\boxed{}+\boxed{}+\boxed{}+\boxed{}+\boxed{}) \div \boxed{ア} = \boxed{イ}$$
（データの総和）　　　　　（データの大きさ）　　（平均）

5 人の平均身長は、$\boxed{イ}$ cm です。

解答

　　$\boxed{ア}$　5　　$\boxed{イ}$　153

Column 2 代表値は 3 つある

データの全体的傾向を1つの値で表す値を**代表値**といいます。平均値は代表値の1つです。代表値には平均値の他に、中央値と最頻値があります。

中央値は、データを大きさ順に並べたとき、ちょうど真ん中にあるものの値です。例えば、データの大きさが7で、小さい方から並べて、

$$2、3、4、8、10、13、14$$

となるときは、4番目の8が中央値です。

データの大きさが6で、小さい方から並べて、

$$2、3、4、8、10、13$$

となるときは、3番目の4と4番目の8の平均を取り、$(4+8) \div 2 = 6$ が中央値となります。

最頻値は、最も頻度が高い値、すなわち度数が一番大きい値という意味です。例えば、ある町で世帯の人数をまとめたところ、

世帯人数	1	2	3	4	5	6以上
世帯数	459	646	773	398	178	54

という結果になりました。一番世帯数が多いのは3人の世帯ですから、世帯人数の最頻値は3となります。

また、階級別の度数分布表が与えられている場合では、度数が一番大きい階級の階級値を最頻値とすることがあります。例えば、国税庁は平成29年度の給与所得について、次のような度数分布表を発表していま

階級（円）	度数（単位、千人）
100万以下	4152
100万超　200万以下	6699
200万超　300万以下	7812
300万超　400万以下	8666
400万超　500万以下	7308
500万超　600万以下	4978
600万超　700万以下	3127
700万超　800万以下	2137
800万超　900万以下	1425
900万超　1000万以下	926
1000万超	2220

す。

　これによれば、度数が一番多い階級は、「300万超　400万以下」ですから、給与の最頻値は350万ということになります。

　ちなみに、給与の平均値は432万だそうです。平均値が最頻値よりも高くなるのは、少数の1000万超の人たちが平均値を押し上げているからです。

　最頻値・中央値と平均値がずれるメカニズムが納得できるような例を挙げてみましょう。

　10人のお小遣いを調べたとき、9人は1000円、1人が10万円だとすると、最頻値、中央値は1000円ですが、平均値は

$$(1000 \times 9 + 100000) \div 10 = 10900 円$$

です。平均値はこのように大きく離れた値（この場合は10万円、外れ値という）の影響を大きく受けることに注意しましょう。平均値を計算するときは、外れ値を除いて計算する場合もあるくらいです。

　ですから、記述統計においては、平均値、中央値、最頻値という代表値のどれもがデータの重要な目安となります。

Column 3 　仮平均で楽々計算

　値が近いデータの平均を計算するとき、効率的な計算法があるので、その計算法を紹介しましょう。

> **問題10**　6月、7月、8月、9月の電気代が、それぞれ4704円、4708円、4722円、4726円でした。6月から9月までの平均の電気代はいくらですか。

　普通に計算すると、

$$(4704＋4708＋4722＋4726) \div 4＝18860 \div 4＝4715 （円）$$

となります。

　電気代はどれも47○○円という形をしていることに着目します。

　そこで、下2ケタだけ取り出して、平均を求めます。4704については、4と見なしましょう。すると、

$$(4＋8＋22＋26) \div 4＝60 \div 4＝15$$

となります。これに省略した上2ケタをつけて、答えは4715円となり、はじめの普通の計算と一致します。この場合の4700円を**仮平均**といいます。

　仮平均を用いることで平均を計算することができるのは、次ページの図で説明できます。

　図2は、図1の4700以上の部分を取り出して拡大した図です。この拡大した図で、「均して平らにする」と図3になります。この図を、4700以上のところに付けると図4になります。

　次の図を見て分かるように、均し方（平らにするまでの金額のやり取

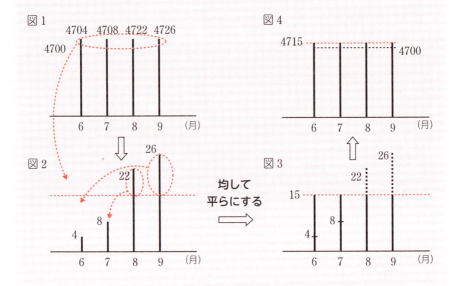

りの様子）は、金額全体で見た場合でも、4700円から上の部分の金額に着目した場合でも変わりません。ですから、下2ケタに着目して平均を計算し、その平均を4700円に足すことで答えの平均を求めることができるのです。

　上の解答では仮平均を4700円としましたが、仮平均は好きな値に設定することができます。4600円でも、4000円でも構いません。

　データの値が同程度の大きさである場合も多いでしょうから、仮平均を用いることができる状況は結構あると思います。

　次のテクニックまで押さえておけば、さらに強力な技となります。

> **問題11**　1月から5月の電話代が、各月で11300円、10400円、9600円、9700円、11200円でした。1月から5月までの平均の電話代はいくらですか。

仮平均を10000円としてみましょう。

1月、2月、5月の電気代は10000円より大きいですが、3月、4月は10000円未満です。こういう場合でも工夫で乗り切ることができます。

10000円よりも多い月に関して、10000円を越えた部分を足します。

$$\underset{11300}{1300}+\underset{10400}{400}+\underset{11200}{1200}=2900 \text{（円）} \quad [\text{越えた部分の総和}]$$

10000円よりも少ない月に関して、10000円に足りない分（9600では、$10000-9600=400$）を足します。

10000円よりも少ない月に関して、10000円に足りない部分の和は、

$$\underset{9600}{400}+\underset{9700}{300}=700 \text{（円）} \quad [\text{足りない部分の総和}]$$

「超えた部分の総和」から「足りない部分の総和」を引きます。

$$2900-700=2200 \text{（円）}$$

これを5で割って、$2200 \div 5 = 440$（円）

これを仮平均に足して、答え（平均）は、

$$10000+440=10440 \text{（円）}$$

です。

「超えた部分の総和」から「足りない部分の総和」を引いて2200円になったということは、「越えた部分」で「足りない部分」を埋め合わせしても、なお2200円余ったということです。これを均等に配分して仮平均に足したわけです。

もしも、「超えた部分の総和」より「足りない部分の総和」の方が大きいときは、「足りない部分の総和」から「超えた部分の総和」を引いて5で割り、その答えを10000から引くと答えが求まります。

SECTION 3 「散らばり」を捉える

　この節では、<u>分散・標準偏差</u>というデータの特徴を表す用語について解説します。

　まずは、次の問題を考えてみましょう。(2) の設問では、自家用車、バスのどちらを選んでも構いません。データの特徴を読み取り妥当な理由を答えられるかを問うています。昨今はやりの公立中高の適性検査みたいな問題になっています。

問題 12　N さんは、A 町にある自宅から B 町にある会社へ通勤しています。通勤には、自分で車を運転して行くか、公共のバスで行くかの 2 通りの行き方があります。

　それぞれ 6 日間調べたところ、自家用車通勤、バス通勤にかかる、行きの所要時間（分）について、以下のようなデータを得ました。

自家用車	21	28	23	25	29	24
バス	17	33	20	29	28	23

(1)　自家用車、バスのそれぞれの所要時間の平均を求めてください。

(2)　自家用車、バスのどちらかを選び、所要時間に着目してなぜその行き方を選んだのか、その理由を説明してください。

(1) それぞれの行き方について、所要時間の平均を計算してみましょう。それぞれデータの大きさは6ですから、所要時間の総和を求めてから6で割ります。

自家用車　$(21+28+23+25+29+24)\div6=25$（分）
バス　　　$(17+33+20+29+28+23)\div6=25$（分）

どちらも所要時間の平均は25（分）になりました。

(2) みなさんは小学校6年生のときに、データについて次のような作業をしたことと思います。

その作業とは、数直線を用意し、データの値ごとに〇印を付けていくという作業です。この作業をしてみると、それぞれ

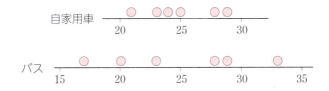

というようになります。自家用車の方は〇印が集まっていて、バスの方は〇印が散らばっている傾向があることが、見て分かると思います。

自家用車も、バスも所要時間の平均は同じ25分ですが、所要時間の散らばり方は違っているわけです。このようなデータの性質を、データの「**散らばり**」と呼びます。

この「散らばり」に着目すると、次のような解答が考えられるでしょう。

A さんの解答

　自家用車を選びます。自家用車の方が所要時間にバラツキが少なく、始業時刻の30分前に自宅を出ればまず遅刻しないで済みそうだから。

　Aさんは真面目な人です。始業時間までに確実に出社することを目指しているわけです。しかし、そういう人ばかりではありません。

　Bさんのような人もいます。

B さんの解答

　バスを選びます。今日は寝坊してしまって、時計を見たらあと20分しかありません。バスなら17分で会社まで行くことができるかもしれないので、バスに懸けてみます。

　Bさんは自分に都合のよいことばかりを考えてしまう傾向がありますね。都合の悪いことが起きた場合にどう対処していくのか傍から見て心配ですが、面白い人生を送るのはこういう人なのかもしれません。

　ともかく、Aさんの解答、Bさんの解答、どちらでも正解です。

「自家用車の所要時間は何分くらいですか」

「バスの所要時間は何分くらいですか」

という質問には、「平均25分です」と同じ答えをすることができます。平均はデータを一言で表すには大変便利なまとめ方の1つです。

　しかし、データには、平均だけからでは分からないデータの特徴があるというわけです。その1つがデータの「散らばり」なのです。データの散らばり具合は、この問題のように意思決定にまで大きな影響を与える重要な要素です。

小学校6年生ではデータの散らばりを表現するために、数直線上に〇をつけて示しました。実は、データの散らばりはヒストグラムを見るとある程度分かります。問題の形で説明してみましょう。

> **問題 13** 男子（20人）と女子（20人）のあるクラスで垂直跳びの記録を取り、男女別に度数分布表を作り、ヒストグラムを描くと次のようになります。男子のデータと女子のデータの散らばりについて論じてください。ただし、2つのヒストグラムのたて・よこの目盛りは一致しているものとします。
>
>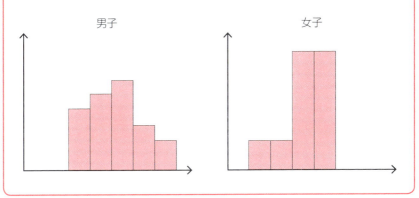

　前の問題では数直線上に〇を描いてデータの散らばりを調べました。同様にヒストグラムの場合でも散らばりを調べることができるでしょうか。柱の高さは度数を表しているので、柱の高さが〇の個数を表していると考えればよいのです。

　男子のヒストグラムと女子のヒストグラムを比べると、男子の方がよこに広がっていて、女子の方がひとところに集まっている印象を持ちますね。このことから、「なんとなく」男子のデータの方が散らばりの度合いが大きいことが分かります。

「なんとなく」ではなく、数値として散らばりの度合いを表すことはできないでしょうか。

この節では、いくつかあるデータの散らばりを表す指標の中から、推測統計に結びつく「分散」と「標準偏差」を取り上げて解説します。他の指標については、この本の目標から外れるので説明をColumnに飛ばすことにします。データのサイズが小さい例で、分散、標準偏差の計算の仕方を説明しましょう。

> **問題 14** 仲良しの5人について年賀状を出した枚数について調べたところ、次のようになりました。
>
> 　　　12　　14　　15　　16　　18　　　（単位：枚）
>
> (1)　平均は何枚ですか。
> (2)　分散はいくつですか。
> (3)　標準偏差は何枚ですか。

(1)　平均の求め方にしたがって、

$$(12+14+15+16+18) \div 5 = 15 \quad （枚）$$
　　　（データの総和）　　　　　　（データの大きさ）（平均）

(2)　ここからが本番です。じっくり行きましょう。

まず、それぞれの値と平均との差を取ります。

	12	14	15	16	18
平均（15）との差 （偏差）	3	1	0	1	3

平均との差のことを偏差と呼びます。

中学以降では、その値と平均を比べて、平均の方が大きいとき、偏差

60　　SECTION 3　「散らばり」を捉える

にはマイナスが付きます。この本では偏差にマイナスをつけません。

　次に、偏差をそれぞれ2乗してから足します。

偏差　　3　　　1　　　0　　　1　　　3

2乗　　2乗　　2乗　　2乗　　2乗

3^2　　1^2　　0^2　　1^2　　3^2

これらを足して、

$$3^2 + 1^2 + 0^2 + 1^2 + 3^2$$
$$= 9 + 1 + 0 + 1 + 9 = 20 \cdots\cdots ①$$

　それぞれの数を2乗して和を取ることを、2乗和といいます。①の式は、3、1、0、1、3について2乗和を取ると20になることを表しています。

　次に、この2乗和をデータの大きさで割ります。
$$20 \div 5 = 4 \quad \cdots\cdots ②$$
この4が求める分散です。

　①、②をまとめて書くと、

$$(3^2 + 1^2 + 0^2 + 1^2 + 3^2) \div 5 = 4 \cdots\cdots ③$$

（偏差の2乗和）　（データの大きさ）　　（分散）

となります。

　この式は3、1、0、1、3の平均を一度に計算するときの式

$$(3 + 1 + 0 + 1 + 3) \div 5 \quad \cdots\cdots ④$$

に似ています。③の式は、④の式のカッコの中にある数に2乗をしてか

ら平均を取っていますね。カッコの中の数 3、1、0、1、3 は偏差でしたから、③の式は、偏差を 2 乗して平均を取っている式です。

つまり、分散は偏差を2乗して平均した数です。一言で表すとすれば、

分散は、偏差の2乗平均

であるとまとめられます。

ここで、分散の計算手順をまとめておきましょう。

分散の計算手順

ステップ1　データの平均を計算する

ステップ2　偏差を計算する

ステップ3　偏差を2乗して平均を取る

---

(3)　分散の計算の仕方は分かりましたね。

分散のルートを取った値を**標準偏差**といいます。

この問題の場合は、

$$\sqrt{4} = 2 \text{（枚）}$$

9のルートを取る
$$\sqrt{9} = 3$$

となります。

標準偏差の求め方をまとめておくと、

標準偏差の計算式

$$\sqrt{分散} = 標準偏差$$

となります。

分散も標準偏差も、大きいほど「散らばり」の度合いが大きいことを示す指標です。

ここでもう一度、問題文を振り返ってみましょう。

（2）の分散を問う文では単位を聞いていません。一方、（3）の標準偏差では単位を（枚）としています。標準偏差はデータと同じ単位を持ちますが、分散はデータの単位とは別の単位になります。

平均と標準偏差は、単位が同じなので足し算や引き算が意味を持ちます。実際、後の章で平均に標準偏差の何倍かを足したり引いたりする計算をすることになります。

問題13では、ヒストグラムを用いて男子と女子の散らばりの度合いを比べました。実は、このグラフは§1の問題4と復習問題2で扱ったデータから作ったヒストグラムです。

問題4で与えられた男子の垂直跳びのデータの分散は35.2、標準偏差は5.93、復習問題2で与えられた女子の垂直跳びのデータの分散は21.9、標準偏差は4.68です。ヒストグラムの見た目からだけでなく、数値としても男子の方が散らばりの度合いが大きいことが分かります。

みなさんも問題4、復習問題2のデータから分散を計算してみてください。といっても、データの大きさが20くらいになると、分散の計算をするのは一苦労です。Excelなどの表計算ソフトを用いるとよいでしょう。Excelを用いた分散、標準偏差の計算法はColumn 5にあります。

さて、ここまで分散・標準偏差の意味と計算法を解説してきました。これでみなさんは、統計学の真髄を理解するための2つ道具である平均と標準偏差を手に入れたことになります。

§2の平均は知っている人も多かったでしょうから、やさしく読めたかも知れません。しかし、§3ではグンと難易度が上がりましたね。標準偏差という4字熟語が壁のように感じる、標準偏差の計算は何とかできたとしても標準偏差を実感できない、という人もいると思います。そ

ういう人は、分散・標準偏差がなぜ導入されたかという動機をもう一度確認してほしいと思います。

　分散・標準偏差はデータの散らばりを捉える指標として導入したものなのです。ですから、標準偏差が大きいときはデータが散らばっていて、標準偏差が小さいときはデータがまとまっているということを意味しています。これをヒストグラムを用いて表現すれば、標準偏差が大きいときはヒストグラムがよこ長、小さいときはヒストグラムがたて長となります。

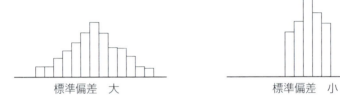

　これから先、この本では標準偏差という用語は何回もくり返し出てきます。そのとき、標準偏差がイメージできないと文章が読みにくいかもしれません。そこで、標準偏差という言葉が出てきたとき、何を思い浮かべればよいのか、平均とともにそのコツを説明しておきます。

　平均、標準偏差という言葉が出てきたら、下図のようなイメージを頭の中に思い浮かべるとよいと考えます。

平均と標準偏差のイメージ

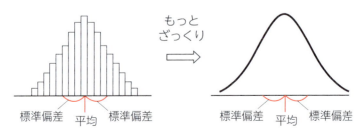

ヒストグラムが山型になっています。その真ん中のあたりに平均があ

ります。標準偏差の大きさは、⌣で表すぐらいの大きさになります。前ページの図は平均の両側に標準偏差の長さを取った図です。標準偏差2個分の長さを取っても山の幅を超えることはありません。左図のようなヒストグラムでも、右図のようになだらかな山のイメージにしてしまって構いません。

　データから計算しているわけではないのであくまでもざっくりとしたイメージです。正確なものではありません。それでも、標準偏差がピンと来ないという人にとっては、標準偏差を実感するためのヒントになると思います。この本の先を読んでいくときに、標準偏差に対する抵抗感を軽減してくれるでしょう。

復習問題5 6人について忘れ物の回数を調べると次のようになりました。

1　　3　　4　　4　　6　　6　　　（回）

　このデータに関して平均、分散、標準偏差を求めてください。標準偏差は小数第3位を四捨五入して答えてください。

ステップ1　データの平均を計算する

$$(\Box + \Box + \Box + \Box + \Box + \Box) \div \boxed{ア} = \boxed{イ} （回）$$
（データの総和）　　　　　（データの大きさ）（平均）

ステップ2　偏差を計算する

データ	1	3	4	4	6	6
偏差（平均との差）	ウ	エ	オ	カ	キ	ク

65

ステップ 3 偏差を 2 乗して平均を取る

$$(\boxed{ウ}^2 + \boxed{エ}^2 + \boxed{オ}^2 + \boxed{カ}^2 + \boxed{キ}^2 + \boxed{ク}^2) \div \boxed{ア} = \boxed{ケ}$$

（偏差の2乗和）　　　　　　（データの大きさ）　（分散）

標準偏差は、分散のルートですから、

$$\sqrt{\boxed{ケ}} = \boxed{コ}$$

（電卓・Excel などを用いて、小数で表現してみましょう）

解答

| ア | 6 | イ | 4 | ウ | 3 | エ | 1 | オ | 0 | カ | 0 |

| キ | 2 | ク | 2 | ケ | 3 | コ | 1.73（小数第3位を四捨五入した値） |

66　SECTION 3　「散らばり」を捉える

Column 4　箱ひげ図で散らばりを知ろう

　本編の説明では、データの散らばりを表す指標として、分散と標準偏差を紹介しました。このColumnではデータの散らばりを表す他の指標も紹介していきましょう。

　問題4（p.26）で扱った男子20人の垂直跳びの結果を用いて説明していきます。ここでは説明の都合上、データを小さい方から順に並べておきます。同じ数が2個以上ある場合は、その個数だけ数を書くようにしましょう。

　すると、

　　　37、38、38、39、41、41、42、43、43、45、

　　　　　47、47、48、48、49、52、52、53、56、57

となります。

　この中で最小値は37、最大値は57です。

　最大値から最小値を引いた値、この例では57－37＝20です。

　これをデータの範囲といいます。自然過ぎて通り過ぎてしまいそうな用語ですが、これは確かに散らばりについての指標ですね。

　さらに散らばりの偏りを把握したいのであれば、以下のような指標で考えるとよいでしょう。小さい方から並べたデータを4分割します。このデータの大きさは20ですから、1つ分は20÷4＝5（個）になります。

　　　37、38、38、39、41　　41、42、43、43、45
　　　　　第1グループ　　　　　　　　第2グループ

　　　　　47、47、48、48、49　　52、52、53、56、57
　　　　　　　第3グループ　　　　　　　　　第4グループ

　小さい方から第1グループ、第2グループ、第3グループ、第4グルー

プとします。

　第1グループの最大と第2グループの最小の平均、この場合はどちらも41ですから、

$$(41+41)\div 2=41$$

です。これを第1四分位数といいます。

　第2グループの最大と第3グループの最小の平均、この場合は45と47ですから、

$$(45+47)\div 2=46$$

です。これを第2四分位数または中央値といいます。

　第3グループの最大と第4グループの最小の平均、この場合は49と52ですから、

$$(49+52)\div 2=50.5$$

です。これを第3四分位数といいます。

　これらの値を数直線の目盛りを使って下のような図にまとめて表現します。

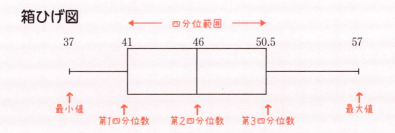

　これを箱ひげ図と呼びます。箱ひげ図は2020年度から中学2年の統計の単元で学びます。

　(第3四分位数)−(第1四分位数) のことを**四分位範囲**と呼びます。この例では、四分位範囲は$50.5-41=9.5$です。四分位範囲は箱（長方形）のよこの長さです。

上の例ではデータの大きさが4で割り切れる数だったので、うまく4分割することができました。4で割り切れない場合はどうしたらよいでしょうか。

　例えば、データの大きさが13のときの第2四分位数（中央値）は、データの真ん中、すなわち小さい方から並べたときの7番目のデータの値とします。

　　　　37、38、38、40、41、41、42、43、43、45、47、47、48

　このデータでは7番目が42なので、42が第2四分位数（中央値）になります。他の四分位数についても真ん中の数があるときはその値を取ればよいのです。データの大きさを4で割った余りで場合分けして整理すると、次のようになります。

　なお、四分位数の定義はこれ以外にもいろいろあるようです。細かい違いにこだわってもしょうがありません。

データの大きさが4の倍数

データの大きさが4で割って1余る数

データの大きさが4で割って2余る数

データの大きさが4で割って3余る数

Column 5　Excelで計算しよう

　表計算ソフト「Excel」を用いると、データの平均、分散など、データに関する重要な値を求めることができます。ここではExcel2010を用いて、その使い方を説明しましょう。なお、ソフトは日々更新されますから、最新のバージョンについてはネットなどで調べていただければと思います。

　まず、Excelのページを開きましょう。すると、下図のような表が出てきます。表のマス目の1つ1つをセルと呼びます。

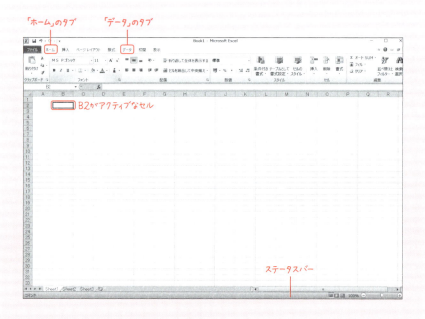

　セルの中にデータの数を入力していきましょう。数を入力したいセルにカーソルを合わせ左クリックするとセルが太枠になります。太枠になったセルはアクティブな状態にあるセルです。上図ではB2がアクティブです。

数を入れてエンターキーを押すと、下のセルがアクティブになります。次の数を入力します。これをくり返します。

	A	B
1		
2		1
3		3
4		4
5		4
6		6
7		6
8		

入力をしていると何個の数を入力したか分からなくなる場合があります。こういう場合は、入力の先頭にカーソルを合わせ、左クリックしてセルをアクティブにし、左ボタンを押したまま後尾までドラッグし、データ入力したすべてのセルをアクティブにすると、ステータスバーに、データの大きさ、総和、平均が表示されます。

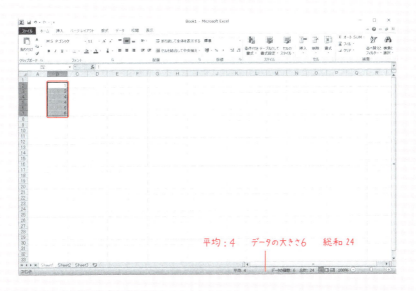

ここからの計算には2通りの方法があります。Excelの関数を用いて平均、分散など値を1つずつ求める方法（A）と、「データ分析」ツー

ルを用いてこれらを一度にまとめて求める方法（B）です。

A　1つずつ求める方法（関数を用いる方法）

　分散を求めるとして説明します。分散を打ち出したいセルを左クリックしてセルをアクティブにします。次に数式バーに

$$=\text{VAR.P}(\text{B2:B7})$$

と打ち込みます。B2:B7 を書き込むときは、「=VAR.P(」まで書き込んだ時点で B2 から B7 までをアクティブにする（左ボタンを押しながらドラッグする）と、自動的に書き込まれます。

　上のように書き込んだ後エンターキーを押すと、セルに分散の値3が表示されます。

　他の値についても、「VAR.P」の部分を変えれば同様に求めることができます。

平均	AVERAGE	分散	VAR.P
中央値	MEDIAN	最大値	MAX
標準偏差	STDEV.P	最小値	MIN

B　1度にまとめて求める方法（分析ツールを用いる方法）

　タブの中から「データ」を選んでクリックすると、次の図のようなリボンが現れます。この中から「データ分析」を選んでクリックします。なお、「データ分析」が表示されない場合は、分析ツールアドインプログラムを読み込む必要があります。また「分析ツール」に至るまでの操作はバージョンによって様々あります。

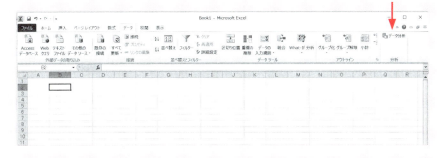

すると、データ分析のウィンドウが現れますから、基本統計量を選んでOKを押します。

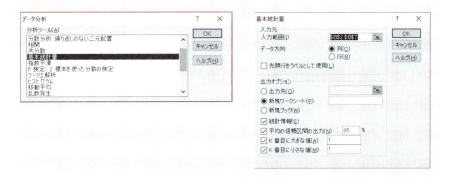

入力範囲の欄に、データのセルをアクティブにすることで、範囲を入力します。統計情報にチェックを入れてOKを押すと、基本統計量を求めることができます。ただし、この分散で計算された値は、**Column 12**で解説する不偏分散ですから注意しましょう。普通の分散を求めるときは、関数を用いた方がよいでしょう。

SECTION 4
度数分布表から平均・分散を求める

記述統計！

　データのサイズが大きくなると、手計算で平均・分散を求めるのはひと苦労です。しかし、度数分布表があれば、データのサイズが大きい場合でも、そのものずばりではありませんが、実用に足る平均・分散の値を求めることができます。

　§1の問題4のデータでは度数分布表が次のようになりました。この表だけから平均・分散を求めてみましょう。

階級	度数
35 ～ 40	4
40 ～ 45	5
45 ～ 50	6
50 ～ 55	3
55 ～ 60	2

　計算のポイントは、階級35～40の度数4は、35点以上40点未満の人が4人ということでしたが、これを階級値が37.5点（＝(35＋40)÷2）の人が4人いると解釈するのです。

　階級40～45の度数5であれば、42.5点が5人といった具合です。

　平均を計算すると、

$$\underbrace{(37.5 + \cdots + 37.5}_{4\,\text{個}} + \underbrace{42.5 + \cdots + 42.5}_{5\,\text{個}} + \underbrace{47.5 + \cdots + 47.5}_{6\,\text{個}}$$

35~40の階級値　　40~45の階級値　　45~50の階級値

$$+ 52.5 + 52.5 + 52.5 + 57.5 + 57.5) \div 20$$

50~55の階級値　　55~60の階級値

$$= (37.5 \times 4 + 42.5 \times 5 + 47.5 \times 6 + 52.5 \times 3 + 57.5 \times 2) \div 20 \quad \cdots\cdots ①$$

35~40の度数　　　　45~50の度数　　　　55~60の度数

$$= (150 + 212.5 + 285 + 157.5 + 115) \div 20$$

$$= 920 \div 20 = 46.0$$

　一方、もとのデータを平均の公式に従って計算すると45.8になります。このように度数分布表から平均を計算しても、実際の平均に近い値を得ることができます。

　分散の方もやってみましょう。

　階級値ごとの偏差（度数分布表から求めた平均（46.0）と比べる）を計算すると、

階級値	37.5	42.5	47.5	52.5	57.5
偏差	8.5	3.5	1.5	6.5	11.5

　次に、偏差の2乗和を計算します。平均のときと同じように、度数を掛ける！　ことを忘れないようにしましょう。37.5の人が4人いると考えるわけですから、偏差の2乗8.5^2を4倍しなければなりません。

35~40の偏差の2乗

$$8.5^2 \times 4 + 3.5^2 \times 5 + 1.5^2 \times 6 + 6.5^2 \times 3 + 11.5^2 \times 2$$

35~40の度数

$$= 289 + 61.25 + 13.5 + 126.75 + 264.5 = 755$$

　これをデータの大きさで割って、分散は、

$$755 \div 20 = 37.75 \quad \rightarrow \quad 37.8\,（小数第2位で四捨五入して）$$

と求まります。この計算を一つの式で書くと、

$$(8.5^2 \times 4 + 3.5^2 \times 5 + 1.5^2 \times 6$$
$$+ 6.5^2 \times 3 + 11.5^2 \times 2) \div 20 = 37.75 \quad \cdots\cdots ②$$

とまとまります。これをもとに標準偏差を計算すると 6.1 です。

　一方、もとのデータから分散の公式に従って計算すると、分散は 35.2、標準偏差は 5.9 です。分散、標準偏差についても、十分に近い値といえるでしょう。

　ここまで、度数分布表からおよその平均・分散を求める方法を紹介しましたが、実は相対度数分布表からもおよその平均・分散を求めることができます。続いてやってみましょう。

　問題4のデータの相対度数分布表は、次のようになります。

階級	相対度数
$35 \sim 40$	0.20
$40 \sim 45$	0.25
$45 \sim 50$	0.30
$50 \sim 55$	0.15
$55 \sim 60$	0.10

　このときの計算方法は、度数（相対度数でない）を用いた平均・分散の計算過程の度数を掛けるところで、相対度数を掛ければよいのです。そして、データの大きさで割ることは省略します。

　つまり、

　平均の方は、（階級値）×（相対度数）の総和で、

$$\underset{\text{（階級値）}}{37.5} \times \underset{\text{（相対度数）}}{0.20} + 42.5 \times 0.25 + 47.5 \times 0.30$$
$$+ 52.5 \times 0.15 + 57.5 \times 0.10 = 46.0$$

　分散の方は、（偏差）^{2} ×（相対度数）の総和で、

76　SECTION 4　度数分布表から平均・分散を求める

$$8.5^2 \times \quad 0.20 \quad + 3.5^2 \times 0.25 + 1.5^2 \times 0.30$$

（偏差）² （相対度数）

$$+ 6.5^2 \times 0.15 + 11.5^2 \times 0.10 \fallingdotseq 37.8 \cdots\cdots ③$$

となります。相対度数は、（度数）÷（データの大きさ）であり、すでに
（データの大きさ）で割っているので、度数の代わりに相対度数を掛け
たときは、あらためて（データの大きさ）で割る必要はないわけです。

　この理由を平均に関して式を用いて示すと次のようになります。①を
次のように変形します。

$$(\underset{\text{（階級値）（度数）}}{37.5 \times 4 + 42.5 \times 5 + 47.5 \times 6 + 52.5 \times 3 + 57.5 \times 2}) \div \underset{\text{（データの大きさ）}}{20}$$

$$= \frac{37.5 \times 4 + 42.5 \times 5 + 47.5 \times 6 + 52.5 \times 3 + 57.5 \times 2}{20}$$

$$= \frac{37.5 \times 4}{20} + \frac{42.5 \times 5}{20} + \frac{47.5 \times 6}{20} + \frac{52.5 \times 3}{20} + \frac{57.5 \times 2}{20}$$

$$= 37.5 \times \frac{4}{20} + 42.5 \times \frac{5}{20} + 47.5 \times \frac{6}{20} + 52.5 \times \frac{3}{20} + 57.5 \times \frac{2}{20}$$

$$= \underset{\text{（階級値）（相対度数）}}{37.5 \times 0.20 + 42.5 \times 0.25 + 47.5 \times 0.30 + 52.5 \times 0.15 + 57.5 \times 0.10}$$

　分散の方は②を同様に変形すると、相対度数から分散を計算するとき
の式③になります。

> **相対度数分布表で平均・分散を計算**
>
> 　（平均）＝「（階級値）×（相対度数）の総和」
>
> 　（分散）＝「（偏差）²×（相対度数）の総和」
> 　　　　　（階級値）と（平均）の差

　この計算法が分かると、平均と分散を説明する次の物理的なモデルを
理解することができます。

p.48では、平均を平らに均すモデルで、p.64では、分散・標準偏差はヒストグラムの散らばりであると捉えました。次のモデルでは平均と分散をいっぺんに実感することができます。

　重さの無視できる棒を用意して、等間隔に階級値（37.5、42.5、47.5、52.5、57.5）の目盛りを振っていきます。階級値の位置に、度数と等しい重さのおもり（4g、5g、6g、3g、2g）を固定します。

　このとき棒を1点で支えて釣り合いが取れる位置の目盛りが平均値になっています。力の釣り合いですから、理科で習う「てこの原理」を用いると平均（46.0）で棒が釣り合うことが確認できます。

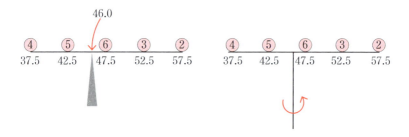

　この平均の位置に上右図のように棒と垂直な軸を付けます。

　これを竹とんぼのように回してみましょう。このときの回しにくさが分散になります。回し易ければ分散は小さく、回しにくければ分散は大きくなります。

　回しにくさの度合いと分散の大きさとの対応は、次ページ図のような2つの竹とんぼを用意して回してみると実感できるでしょう。軸より遠いところにねんどを付けた（重さが散らばっている）方が回しにくいはずです。

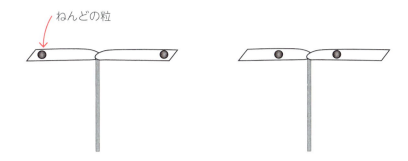

これが物理的なモデルによる平均・分散の明快で正確な解説です。ただこの先、本書を読んでいくには、p.64のようにヒストグラムの図で平均・標準偏差を捉えておいた方がよいでしょう。もう一度言葉でくり返しておくと、

　　平均は、ヒストグラムの真ん中のこと
　　標準偏差は、ヒストグラムの横幅（太り具合）の目安のこと

イメージが湧かなくて文章が読みづらいと思った人は採用してください。

平均と標準偏差のイメージ

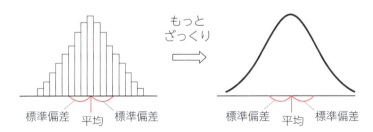

Column 6　もう１つの「分散の求め方」

　分散は偏差を2乗して平均を取った値、すなわち偏差の2乗平均であるといいました。ここまでこのように計算して分散を求めましたが、もう1つの求め方を紹介しましょう。分散は、

　　　（分散）＝（2乗平均）−（平均)^2

としても計算できます。データの大きさが4で、値が

　　　5、4、2、1

の場合で計算してみましょう。

　2乗平均とは、各数を2乗して平均を取った値です。下の表のように2段目に2乗した値を書き、総和を取り、それを4で割って平均を求めます。1行目はそのまま総和を取り、4で割って平均を求めます。

					総和	平均
値	5	4	2	1	12	3
2乗	25	16	4	1	46	11.5

　　　　　　　　　　　　　　　　　　　　　25+16+4+1　　46÷4

　2乗平均は11.5、平均は3ですから、分散は、

$$11.5 \quad - \quad 3^2 \quad =11.5-9= \quad 2.5$$
（2乗平均）　（平均)^2　　　　　　　（分散）

となります。

今まで通り"偏差の2乗平均"で計算すると、

					総和	平均
値	5	4	2	1	12	3
偏差	2	1	1	2		
偏差^2	4	1	1	4	10	2.5

10÷4

となり、(2乗平均) − (平均)^{2}で計算した値と一致します。

なぜこのような計算で分散を計算できるのか不思議だと思いませんか。これからその理由を説明します。興味のない人は飛ばしてください。

分散は（偏差の2乗平均）でしたから、(2乗平均) − (平均)^{2}でも分散が求まることを示すには、

$$（偏差の2乗平均）＝（2乗平均）−（平均）^2$$

となることを説明すればよいです。この式では、（偏差の2乗平均）は、（2乗平均）から（平均）^{2}を引いたものなのですから、

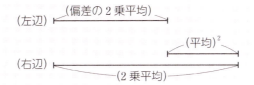

が成り立っています。この図から上の式は、

$$（偏差の2乗平均）＋（平均）^2＝（2乗平均） \quad \cdots\cdots ☆$$

と同じことです。この式が成り立つことを示しましょう。

データの大きさが4で、平均よりも大きいものが2つ、小さいものが

2つある場合を例にとって示します。

　まず、平均が「平らに均す」ことを確認しましょう。データの値を長さで表します。下図は4つの長さの平均をアカよこ線で表した図です。平均は平らに均したものなので、アカよこ線より上の部分の長さの和とアカよこ線に足りない長さの和は等しくなります。すなわち、ア＋イ＝ウ＋エが成り立ちます。ここでア、イ、ウ、エは、4つの数の偏差であることに注意しましょう。

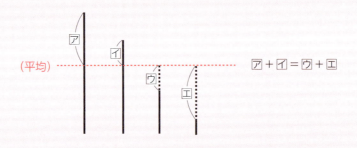

　次に、☆にデータの数（4）を掛けておきます。

　　　　（偏差の2乗平均）×4＋（平均）^{2}×4＝（2乗平均）×4　……★

　平均を4倍すると、総和になります。すなわち、

　　　　（偏差の2乗和）＋（平均）^{2}×4＝（2乗和）

　左右を入れ換えて、

　　　　（2乗和）＝（偏差の2乗和）＋（平均）^{2}×4

となります。

　2乗和を表現するために、データの4つの値に等しい長さを持つ正方形を描きましょう（次ページの図）。左辺の2乗和は、黒線の正方形の面積を足したもの（和）になります。

　アカい線の正方形の1辺は平均に等しく取ってあります。（平均）^{2}×4は、アカい線の正方形4個分の面積です。

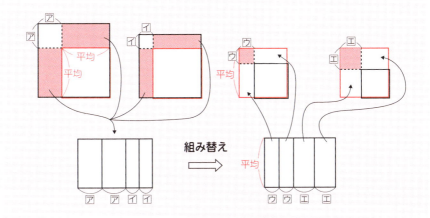

ここで黒線の4つの正方形を組み替えることを考えます。

左側2つの網目部の長方形（平均×アの長方形2個、平均×イの長方形2個）を集めて、よこがア×2＋イ×2で、たてが平均の長さに等しい長方形を作ります。この長方形を、大きさを変えずに、よこがウ×2＋エ×2で、たてが平均の長さに等しい長方形に組み替えます。このような組み替えが可能なのは、ア＋イ＝ウ＋エが成り立っているからです。

平均×ウの長方形2個、平均×エの長方形2個に分割して右側2つのアカい正方形と黒線の正方形の隙間に入れます。すると、1辺がウの正方形、1辺がエの正方形のところは長方形が重なります。

つまり、平均×ウの長方形2個、平均×エの長方形2個と右側の黒線の正方形2個を合わせた面積は、1辺がウの正方形1個と1辺がエの正方形1個とアカい正方形2個を合わせた面積に等しくなります。

これを用いると次の等式が成り立つことになります。

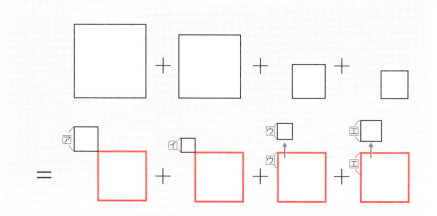

　こうして黒線の4つの正方形が、1辺の長さが平均の正方形（アカい正方形）4個と、ア、イ、ウ、エ（これらは偏差を表す）を1辺とする正方形4個に組み替えられたので、★の式が成り立つことが確かめられました。

ベレ出版の出版案内

2019/06

学びたい人のためのメールマガジン「まなマガ」

**新刊情報や気になる話題をピックアップ。
毎月2回好評配信中！**

 ベレ出版　〒162-0832 東京都新宿区岩戸町12　レベッカビル
PHONE 03-5225-4790　FAX 03-5225-4795

英会話・英語一般

みるみる英語力がアップする音読パッケージトレーニング
ISBN978-4-86064-246-4 C2082
§森沢洋介／1700円／四六判
楽に読み解ける英文を聴き、繰り返し口にすれば「英語体質」ができあがる！

どんどん話すための瞬間英作文トレーニング
ISBN978-4-86064-134-4 C2082
§森沢洋介／1800円／四六判
簡単な英文を速くたくさん作る練習で英語がバネ仕掛けで出るようになる。

スラスラ話すための瞬間英作文シャッフルトレーニング
ISBN978-4-86064-157-3 C2082
§森沢洋介／1800円／四六判
前作では文型ごとに学んだが、本作ではシャッフルすることで応用力を磨く。

バンバン話すための瞬間英作文「基本動詞」トレーニング
ISBN978-4-86064-565-6 C2082
§森沢洋介／1800円／四六判
get, have, come などの基本動詞を使いこなして自然でなめらかな英語へ！

これで話せる英会話の基本文型87
ISBN978-4-939076-87-9 C2082
§上野理絵／1600円／四六判
会話でよく使う基本的な〈英語の型〉を87に分類。会話の幅が広がる。

店員さんの英会話ハンドブック
ISBN978-4-86064-284-6 C2082
§原島一男／1600円／四六判
基本会話と業種別接客フレーズを紹介。そのまま使える表現が満載です。

50トピックでトレーニング 英語で意見を言ってみる
ISBN978-4-86064-435-2 C2082
§森秀夫／1900円／A5判
賛成や反論、強調、提案など、英語で意見を発信するための表現を学ぶ。

洗練された会話のための英語表現集
ISBN978-4-86064-238-9 C2082
§濱田伊織／2200円／A5判
一歩先に進むための上質でナチュラルな表現をコミュニケーションの機能別に収録。

第 2 章

正 規 分 布

　いま、この章をパラパラっと見てください。多くの山型のグラフが目に飛び込んできたと思います。この山型のグラフが正規分布のお姿です。

　富士山も美しいですが、正規分布もそれに負けず劣らず美しいと私は思います。

　なぜ美しかと考えると、正規分布のその美しさの裏には、この世界を叙述する数理が隠されているからではないかと思い当たるのです。

　正規分布は、統計学の女王的な存在です。あらゆるところに出てきて統計学を支配しています。正規分布なくしては、統計学が回っていかないのです。それでいて、美しい。ですから女王なのです。みなさんにも、この女王のお姿を目に焼き付けてもらい、大いなる働きを感じてもらいたいと思います。

SECTION 1

正規分布！

一方向に図形を伸ばす

　この章では正規分布を説明しますが、この節では正規分布の性質を説明するときに用いる図形の変形に関する数理を解説します。

　みなさんは小学校6年で、縮図・拡大図という単元を学んだことと思います。コピー機で縮小コピー・拡大コピーをしたことがある人は、縮図・拡大図について実感を伴って理解することができていることでしょう。コピー機で図形を2倍に拡大するときは、図形がたて方向も2倍、よこ方向も2倍になります。

　ところで、この節では、よこ方向だけ何倍かするという図形の変形の仕方を確認しておきましょう。

> **問題 15** 　力を掛けるとよく伸びるビニールがあります。いま、ビニールの左右を棒に巻き付け、よこ方向に力を掛けて、よこの長さが 30 cm から 60 cm になるまで均等に伸ばします。このとき、ビニールに描かれている図形について答えてください。ただし、ビニールをよこに伸ばすとき、たて方向に縮むことはないものとします。

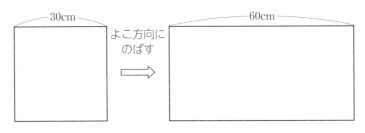

(1) ビニールを伸ばす前にたて 10 cm、よこ 15 cm であった長方形の面積は、ビニールを伸ばした後には何倍になっていますか。

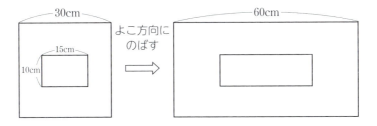

(2) ビニールを伸ばす前の図形を S、伸ばした後の図形を S′ とします。図形 S の面積が 180 cm² のとき、図形 S′ の面積は何 cm² ですか。

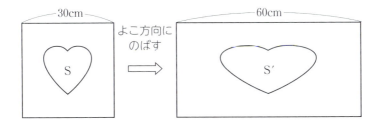

(1) ビニールのよこの長さは何倍に伸びたでしょうか。

よこの長さは、60÷30＝2で2倍になっています。

均等に伸びたということは、よこ方向についてはどこでも2倍になったということです。

もとの長方形のよこの長さは15cmですから、ビニールを伸ばすと長方形のよこの長さは、

$$15 \times 2 = 30 \text{ (cm)}$$

になります。たての長さは変わらずに10cmです。

ビニールを伸ばす前と後で、長方形の面積を比べると、

（伸ばす前）　　$10 \times 15 = 150$ (cm^2)

（伸ばした後）　$10 \times 30 = 300$ (cm^2)

となります。長方形の面積は、

$$300 \div 150 = 2 \text{ (倍)}$$

になりました。

(2) (1)の2倍という答えは、よこの長さの倍率、2倍と同じですね。

たての長さが変わらず、よこの長さだけ2倍になるとき、長方形以外の図形の場合でも、面積が2倍になります。

ピンとこない人は、小学校3年の授業で面積を習ったときのことを思い出して欲しいと思います。というのは、そもそも図形の面積というのは、下図のように小さい正方形がいくつあるかで測るものだからです。

よこに2倍に伸ばす変形で各正方形は、よこの長さが2倍の長方形、すなわちもとの正方形2個分になります。面積は正方形の個数で測りますから、全体の面積も2倍になるのです。

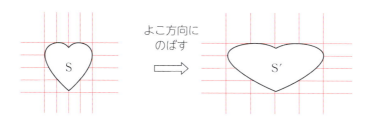

実際、ビニールに描かれた図形の形がどんな場合でも、ビニールをよこに2倍に伸ばすと、図形の面積は2倍になります。

ですから、図形S′の面積は、図形Sの面積の2倍になります。

図形S′の面積は、

$$（図形S′の面積）=（図形Sの面積）\times 2 = 180 \times 2 = 360 \,(\mathrm{cm}^2)$$

と求まります。

この問題ではよこの長さが2倍になるように伸ばしましたが、何倍であっても同様の結果になります。よこの長さを3倍にすれば、面積も3倍になります。よこの長さの倍率のところに小数や分数を持ってきても同じです。

よこの長さを0.5倍にすれば、面積も0.5倍になります。なお、0.5倍ということは半分に縮めるということです。1より小さい倍率を許すことにすると、縮める場合も含めて考えることができます。

「ビニールをよこ方向に均等に伸ばして（縮めて）□倍にする」という操作を単に「よこ方向に□倍する」ということにします。すると、問題を通して得たことは次のようにまとまります。

> **事実**
>
> 　図形をよこ方向に□倍するとき、変形してできた図形の面積は、もとの図形の面積の□倍になる。

これをもとに発展させてみましょう。

> **問題 16**　力を掛けるとよく伸びるビニールの上に図形が描かれています。
>
> 　この図形 S（太線で囲まれた部分）の面積を測ると $50\,\text{cm}^2$、その一部の網目部 T は $30\,\text{cm}^2$ です。
>
> (1)　図形 S の面積を 1 とすると、網目部 T の面積はいくつになりますか。
>
> 　いま、ビニールの左右を棒に巻き付けよこ方向に力を掛けて、ビニールのよこの長さが $20\,\text{cm}$ から $40\,\text{cm}$ になるまで均等に伸ばしました。このとき、図形 S が伸ばされてできた図形（太線で囲まれた部分）を S′、網目部 T が伸ばされてできた図形を T′ とします。ただし、ビニールを伸ばすとき、たて方向に縮むことはないものとします。
>
> (2)　網目部 T′ の面積は、図形 S′ の面積を 1 とするといくつになりますか。

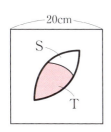
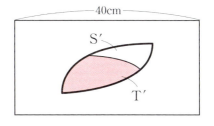

(1) もとにする数が50なので、30を50で割って、

$$30 \div 50 = 0.6$$
（比べられる数）（もとにする数）（割合）

網目部Tの面積は、図形Sを1とすると0.6になります。

(2) よこの長さは、40÷20＝2から、2倍になっていることが分かります。

よこの長さが2倍になるので、図形S、網目部Tの面積はそれぞれ2倍になります。

図形S′の面積は、図形Sの面積の2倍で、

　　（図形S′の面積）＝50×2＝100（cm^2）

網目部T′の面積は、網目部Tの面積の2倍で、

　　（網目部T′の面積）＝30×2＝60（cm^2）

網目部T′の面積（60cm^2）は、図形S′の面積（100cm^2）を1とするとき、

　　60÷100＝0.6

となります。

(1)の答えと(2)の答えは同じになりましたね。

図形Sがどんな図形であっても、網目部Tが図形Sのどの部分を占めていても、（網目部Tの面積）の（図形Sの面積）に対する割合と、（網目部T′の面積）の（図形S′の面積）に対する割合は一致します。

このことを比例式で表すと

$$30:50=30\times2:50\times2$$

となっています。(1) では左辺の比の値を、(2) では右辺の比の値を聞いています。比の式では、同じ数を掛けても同じ比を表しますから、(1) の答えと (2) の答えは一致するのです。

上の比例式を見ると、2倍のところは、3倍や4倍といった他の倍率でも、比の等式が成り立つことが分かります。

また、ここまでスペースの都合からよこ方向に□倍することを取り上げてきましたが、たて方向に□倍するという設定でも同様のことがいえます。

まとめると次のようになります。

事実 一方向に□倍しても割合は変わらない。

一方向に□倍するとき、(網目部Tの面積) の (図形Sの面積) に対する割合と、(網目部T'の面積) の (図形S'の面積) に対する割合は一致する。

(網目部Tの面積):(図形Sの面積)
　　＝(網目部T'の面積):(図形S'の面積)

92　SECTION 1　一方向に図形を伸ばす

SECTION 2

正規分布！

モデルにあてはめる

この節ではまだ正規分布は出てきません。まずは、正規分布の役割を理解してもらうためにモデルの話をします。以下のような簡単な算数の問題から始めましょう。

> **問題 17**　次の図のような形をした湖があります。湖の周囲は約 18.84 km であることが分かっています。**面積はおよそ何 km² でしょうか。**
>
>

三角形、平行四辺形、円の面積の公式は習ったけど、こんな形の面積の公式は勉強したことがない、と思った方もいるかもしれません。

でも、どうでしょう。形を見ると、湖はほぼ円の形をしています。そして、聞かれているのは正確な面積ではありません。あくまで概算です。

ですから、湖の形を円と見立てて面積を計算してみましょう。
つまり、問題の湖に近い形である
　　　円をモデルとして採用する
わけです。問題の湖の形を
　　　円で近似する
という言い方もします。

私たちは、円については手慣れたもので、円周の求め方や面積の求め方を知っています。つまりこの問題の場合、この形を円だと思うわけですから、円周が18.84kmの円の面積を求めればよいのです。

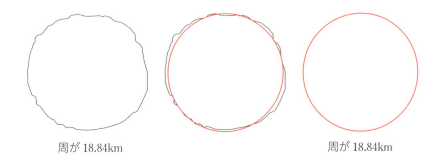

周が18.84km　　　　　　　　　　　周が18.84km

円周率は3.14を用いましょう。円の半径から円周を求める公式は、
　　　（半径）×2×3.14＝（円周）
でした。円の半径を□kmとすると、
　　　□×2×3.14＝18.84
となります。

波線部に3.14を掛けて18.84になったのですから、波線部は逆算をして、
　　　□×2＝18.84÷3.14＝6.00
　　　□×2＝6.00

94　SECTION 2　モデルにあてはめる

$$\square = 6.00 \div 2 = 3.00 \ (\text{km})$$

と半径が求まりました。円の面積を求める公式は、

$$（半径）\times（半径）\times 3.14 =（円の面積）$$

でした。半径 $3.00\,\text{km}$ の円の面積は、

$$3.00 \times 3.00 \times 3.14 = 28.26 \ \rightarrow \ 28.3 \ (\text{km}^2)_{\text{(小数第2位で四捨五入)}}$$

となります。ですから、湖の面積はおよそ $28.3\,\text{km}^2$ といってよいでしょう。

　上の問題での教訓は、

図形の長さ、面積などおよその値を知りたいときは、その図形に似ているよく知っている図形に見立てて計算すればよい

ということです。つまり、十分な情報を持っているモデルを探すわけです。この例の場合の情報とは、円周の公式や円の面積の公式を指しています。

　一見統計学とは関係ないこのような問題を持ってきたのは、これから紹介する正規分布が、ある種の統計に関するヒストグラムに対して、モデル（うまい近似）として採用できるからなのです。ちょうど、湖を円と見て解析したように……。

　ところで、この問題で扱った円に似た形は実在する湖の形から取りました。その湖とは、北海道にある倶多楽湖で、周囲は約 $8.0\,\text{km}$ です。この値から、問題と同じようにして計算すると、面積は約 $5.1\,\text{km}^2$ となります。しかし、実際の倶多楽湖の面積は $4.7\,\text{km}^2$ です。このように円と見立てて計算した結果が、実際の面積よりも大きくなるのは、湖の周を測るときは実際の湖岸に沿ってジグザグに測っていくので、モデルの円周よりも大きい値になるからであると考えられます。

SECTION 3 正規分布の形を知ろう

正規分布！

　これから正規分布について説明しましょう。

　分布とは、データの全体の様子のことでした。

　正規分布も「分布」というからには、ある種のデータの様子を表していると思うことでしょう。しかし、完全な円が現実には存在しないように、ピッタリ正規分布になる現実の分布はありません。正規分布は数学的に定義される理想の分布なのです。円は「1点から等距離にある点の集合」と簡単に数学的定義を述べることができますが、正規分布のことを数学的に正確に説明すると難しくなりすぎます。正確な定義を述べるには相当な準備が要ります。このため文科省の課程では、正規分布を高校の高学年で導入し、それに伴って推定・検定の単元も後ろに持ってきているのでしょう。

　しかし、正規分布の捉え方を工夫して前倒しで学習すれば、小学生でも推定・検定の考え方を十分に理解できるだろうというのが、この本の企図です。

　そこで本書では、正規分布を真正面からではなく、からめ手から説明していく方法を取りたいと思います。それでも決して本質を損なうことはないので安心してください。

　正規分布は紛れもなく分布なのですが、この本では正規分布のことを<u>「ある特徴を持った曲線」</u>と捉えて解説していきます。

正規分布は、次の曲線のような形になります。

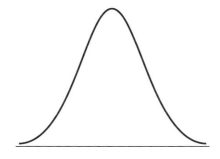

　まずはじめに注意しておくことは、曲線とよこ軸をセットで捉えなければならないということです。曲線部が同じ形をしていても、曲線に対するよこ軸の位置がたてにずれてしまうと正規分布ではなくなります。曲線とよこ軸の位置関係が重要なのです。なぜ重要かというと、曲線とよこ軸とで挟まれた部分の面積を考えるからです。曲線とよこ軸の位置関係がずれてしまうと、面積が変わってくるからです。

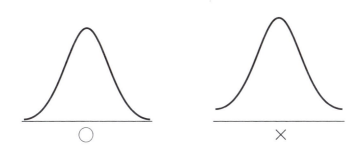

　正規分布の特徴を挙げていきましょう。

(1) 線対称な図形である

　正規分布は線対称な図形です。線対称な図形とは、対称軸で折ると図形がピッタリ重なる図形のことです。例えば、長方形や正五角形は線対称な図形です。平行四辺形（長方形やひし形は除く）は線対称な図形で

はありません。

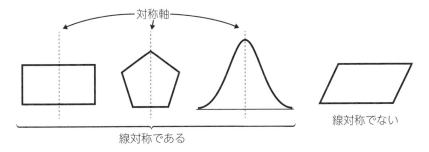

正規分布は、対称軸のところで高さが一番高くなっています。

(2) 面積が有限

正規分布は左右に無限に伸びています。端の方に行けば行くほど、よこ軸に近づいていきます。しかし、曲線とよこ軸は交わることはありません。図ではくっついていくように見えますが理論的にはくっつきません。

また、曲線とよこ軸とで挟まれた領域は左右に無限に伸びていますが、その面積は無限にはなりません。有限の値になります。曲線とよこ軸とで挟まれた領域はこれからも何度も出てきますから、丘と呼ぶことにしましょう。この本だけの符丁です。

丘はどこまでもよこに長い図形なので、面積は無限になるのでは？と思った人はColumn 7を読めばその疑問を解消できます。疑問に思わなかった方はColumnを読まずにそのまま進んでください。

曲線が左右に無限に伸びていることを一応性質として述べましたが、実際に応用するときは対称軸付近を取り出して考えるので忘れて構いません。ただ丘の面積が有限であることは重要ですから、これだけは覚えておきましょう。

(3) 左右に曲がっている

図1の曲線は矢印の方向に進むとき左曲がりになります。図2の曲線

は右曲がりになります。

　図3の正規分布の曲線を左端から進むと、はじめは左曲がり、途中で右曲がりになり、次に左曲がりになります。正規分布の曲線は曲がり方が左、右、左と入れ替わるのです。曲がり方が入れ替わる点を**変曲点**といいます。正規分布の曲線には変曲点が2点あります。

　今後、正規分布の曲線上に●があれば変曲点を表していると思ってください。

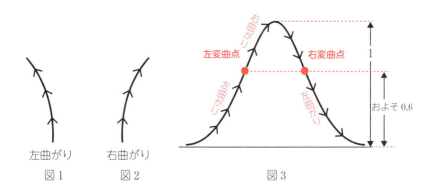

（4）　たて倍、よこ倍でピッタリ重なる

　「§1　一方向に図形を伸ばす」で解説した、一方向に□倍するという操作を思い出してください。

　図形をたて倍するというのは、たて方向に均等に伸ばすということです。図形をよこ倍するというのは、よこ方向に均等に伸ばすことです。

　2つの長方形があるとき、一方の長方形を、辺の方向にうまい倍率でたて倍、よこ倍をするともう一方の長方形にピッタリ重なります。次の図の2つの長方形でいえば、左の長方形をたてに0.5倍、よこに1.5倍すると、右の長方形とピッタリ重なります。

正規分布でも同様のことがいえます。2つの正規分布があったとき、一方の正規分布をうまい倍率でたて倍、よこ倍するともう一方の正規分布にピッタリ重なります。下図の2つの正規分布でいえば、左の正規分布をたてに2倍、よこに3分の2倍すると、右の正規分布にピッタリ重なります。

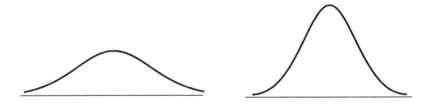

2つの正規分布がたて倍、よこ倍で重なるということは、1つの正規分布をもとにして、たて倍、よこ倍すれば、どんな正規分布も作り出すことができるということでもあります。

また、正規分布はどんな比率のたて倍、よこ倍をしても正規分布です。円はたて倍したり、よこ倍したりすると楕円になりますが、正規分布はたて倍しても、よこ倍しても正規分布ですから、正規分布にはよこに細長いものや、たてに細長いものもありえます。

(5) 面積の割合が決まっている

§1の事実（p.92）でまとめたように、一般に、図形を勝手な倍率でたて倍、よこ倍をしても面積比は変わりません。

すなわち、長方形とその一部領域（網目部）について、たて倍、よこ

倍をしても、（網目部の面積）と（長方形の面積）の比は変わりません。下図の場合は、1：12です。

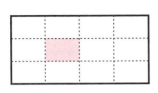
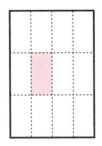

正規分布とその一部領域に関しても同様のことがいえます。

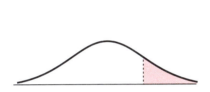
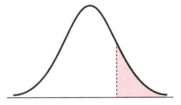

　（網目部の面積）と（丘の面積）の比は、勝手な倍率でたて倍、よこ倍しても一定の値になります。

　正規分布はたて倍、よこ倍でピッタリ重なるという性質があるので、正規分布に対して、網目部の位置が定まっていれば、網目部の面積と丘の面積の比が定まることになります。

　この比を具体的に知ることが統計学を用いて解析を行なう上でとても重要になってきます。この値を知るための表が先人たちによってまとめられています。この表を**標準正規分布表**と呼びます。巻末にありますのでチラ見してください。

　ここから先は、問題の形で説明していきましょう。

> **問題 18** 正規分布の曲線とよこ軸で挟まれた部分（丘）の面積を1としたとき、(1)、(2) の網目部の面積はそれぞれいくつになりますか。ただし、曲線上の●は変曲点を表しています。

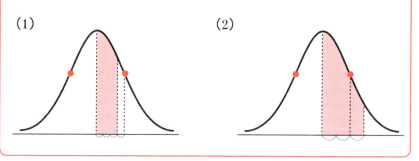

対称軸とよこ軸の交点を正規分布の中心と呼ぶことにします。また、変曲点からよこ軸に下ろした垂線の足（垂線とたて軸の交点）を**変曲下点**（右と左があります）、中心から変曲下点までの間隔を**標準偏差**と呼ぶことにします。えっ、データでも値でもないのに何で標準偏差っていうの？　あとから分かるようになりますから、そのまま読み進めましょう。

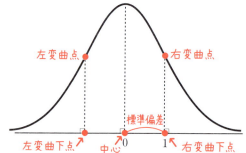

中心を0、右変曲下点を1として数直線を書きましょう。

正規分布のよこ軸に数直線を書くときは、つねにこのように数を割り当てます。こうして作った数直線を、**正規分布の数直線**と呼びましょう。

（1）、（2）とも、網目部の左側のたて線は対称軸（目盛り0）になっています。網目部の右側のたて線は（1）では標準偏差（間隔1）を4等分しているうちの3個目にありますから、ア の目盛りは

$$(1 \div 4) \times 3 = 0.75$$

です。

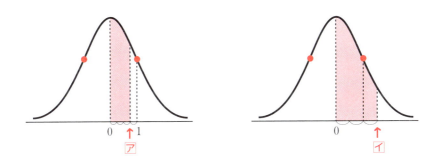

（1）の網目部の面積を求めるには、0.75を0.7と0.05に分けて、標準正規分布表のたての0.7とよこの0.05の交わるところの数字を読みます。

標準正規分布表

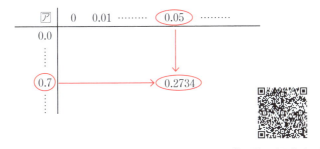

【標準正規分布表】

表から0.2734と読めます。これが問題の答えになります。

すなわち、丘の面積を1としたとき、網目部の面積はおよそ **0.2734** に

なります。

　(2) の網目部の面積を求めるには、イの目盛りを読みます。標準偏差（間隔1）を2等分した区間が3個分のところにイがありますから、イの目盛りは、

$$(1 \div 2) \times 3 = 1.5$$

です。1.5 を小数第2位まで補完して、1.50とし、たての1.5とよこの0の交わるところの数字を読みます。

標準正規分布表

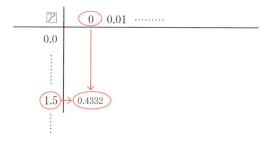

表に0.4332とありますから、これが問題の答えになります。

　すなわち、丘の面積を1としたとき、網目部の面積はおよそ0.4332になります。

　これが正規分布に関する面積を求めるときの基本テクニックになりますからよく覚えてください。なお、標準正規分布表（数直線上の目盛りと面積を対応させる表）には、上で紹介した表以外にもいくつかのパターンがあります。例えば、次ページ上の図のような目盛りと面積を対応させる表です。これらも標準正規分布表と呼ばれていますから、他の表を用いるときは、もう一度表に書かれた数字がどの部分の面積を表しているかを確認してから用いる方がよいでしょう。この本で紹介した標準

正規分布表は、文科省の検定教科書に倣いました。

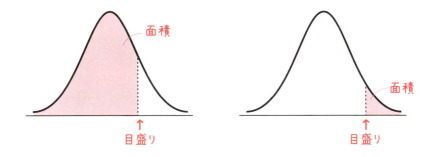

なお、表の値はExcelを用いても求めることができます。Excelの場合はもっと詳しい値で返してきます。そもそも一般には、目盛りに対応する面積の値は、円周率のようにどこまでも続く小数で表されます。表に書かれた数値、Excelで表現された数値ぴったりではありません。Excelでの求め方を知りたい方は、**Column 8**を読んでください。

基本ができたので、応用問題を解いてみましょう。

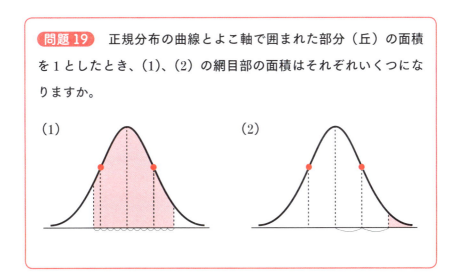

問題 19　正規分布の曲線とよこ軸で囲まれた部分（丘）の面積を1としたとき、(1)、(2)の網目部の面積はそれぞれいくつになりますか。

(1) 正規分布の対称性を用います。

対称軸より左側の部分と右側の部分に分け、それぞれ面積を求めます。あとでそれを足せばよいのです。

中心に0、左変曲下点に1を書いて、左に伸びる数直線を考えます。

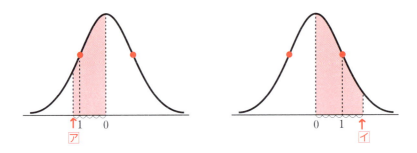

すると、網目部の左側のたて線は標準偏差（間隔1）を4等分している区間が5個分ですから、アの目盛りは、

$$(1 \div 4) \times 5 = 1.25$$

になります。これに対応する標準正規分布表の値を読むと、0.3944になります。よって、網目部のうち対称軸より左側の部分の面積が0.3944であると分かりました。

右側部分は、$(1 \div 4) \times 7 = 1.75$に対応する標準正規分布表の値を読むと、0.4599になります。つまり、網目部のうち対称軸より右側の部分の面積が0.4599です。

網目部全体では、面積は、

$$0.3944 + 0.4599 = 0.8543$$

になります。

(2) 次ページの左図の網目部の面積は、標準正規分布表から直接読

料金受取人払郵便

牛込局承認

9185

差出有効期間
2021年7月2日
まで

（切手不要）

郵 便 は が き

162-8790

東京都新宿区
岩戸町12レベッカビル
ベレ出版

　　読者カード係　行

お名前		年齢
ご住所　〒		
電話番号	性別	ご職業
メールアドレス		

個人情報は小社の読者サービス向上のために活用させていただきます。

ご購読ありがとうございました。ご意見、ご感想をお聞かせください。

● ご購入された書籍

● ご意見、ご感想

● 図書目録の送付を　　　　　　　　☐ 希望する　　　☐ 希望しない

ご協力ありがとうございました。
小社の新刊などの情報が届くメールマガジンをご希望される方は、
小社ホームページ（https://www.beret.co.jp/）からご登録くださいませ。

むことができます。対称軸より右側の部分の面積は対称性により、丘全体の面積の半分ですから1の半分の0.5です。問題の網目部の面積は、0.5から下左図の網目部の面積を引けば求まります。

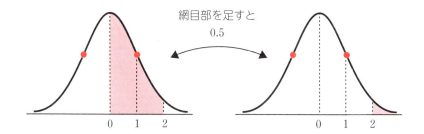

　中心を0、右変曲下点を1とする数直線上で、網目部のたて線の目盛りは2になります。2は小数第2位まで表すと2.00になりますから、2.00を2.0と0に分け、標準正規分布表のたて2.0、よこ0に対応する値を読んで0.4772となります。上左図の網目部の面積は0.4772です。

　上右図の面積は、

$$0.5 - 0.4772 = 0.0228$$

になります。

　ここまでは網目部を定めてその面積を求めてきました。今度は、逆を練習してみましょう。面積を定めて目盛りの値を求めるのです。

問題 20 正規分布の曲線とよこ軸で囲まれた部分（丘）の面積を1としたとき、網目部の面積がそれぞれ図で示す値になるような数直線の目盛りの値を求めてください。

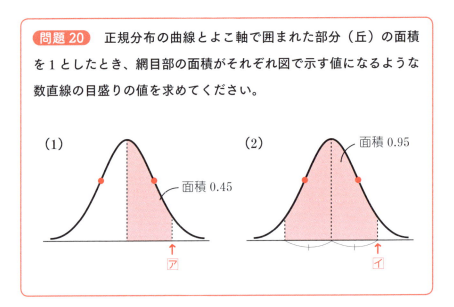

（1） 面積0.45に対応する数直線の目盛りアは表で探します。

今度は表の中に0.45を探して、たてとよこの数を読み取りましょう。しかし、ちょうど0.45は見つけることができません。0.45に近い数字は、0.4495と0.4505です。

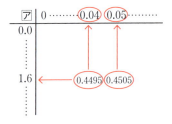

0.4495のたて1.6とよこ0.04を合わせて1.64
0.4505のたて1.6とよこ0.05を合わせて1.65

0.45になるのは1.64と1.65の間であると考えられます。面積の増え方

が穏やかになることを考えると、小数点 2 位までで⑦に一番適当な数は 1.64 です。

(2) 線対称なので、網目部のうち対称軸の右半分の面積は、

$$0.95 \div 2 = 0.475$$

になります。表の中に 0.4750 がありますから、これのたてとよこを読んで、④の目盛りにあてはまる一番近い小数第 2 位までの数は 1.96 になります。

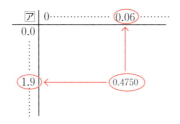

さて、ここまで

「正規分布の曲線とよこ軸で囲まれた部分（丘）の
面積を 1 としたとき」

ということをその都度言及してきましたが、単に正規分布の一部の面積を話題にするときは、常にこの仮定のもとで話を進めますので、段々とこの断り書きを書かないで済ましていきます。

> **テクニックのまとめ**
>
>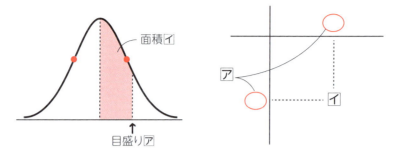
>
> [目盛りから面積を求める]
>
> 　表から求めることができる面積は、上左図の網目部の部分なので、これらを組み合わせて、正規分布の一部の領域の面積を求める。
>
> [面積から目盛りを求める]
>
> 　求める領域を上左図の網目部の形に分解して面積を求め、表の中から面積に近いところを探す。

復習問題6

[目盛りから面積を求める]

　正規分布の曲線とよこ軸で挟まれた部分（丘）の面積を1としたとき、(1)、(2)の網目部の面積はそれぞれいくつになりますか。

(1) 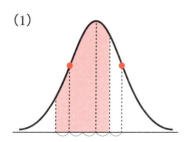　　(2)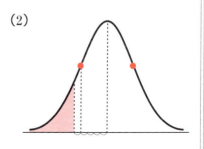

[面積から目盛りを求める]

　正規分布の曲線とよこ軸で挟まれた部分（丘）の面積を1としたとき、網目部の面積がそれぞれ図で示す値になるような数直線の目盛りあ、いの値を求めてください。

(1)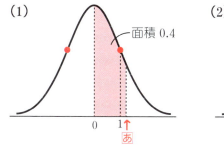

(2)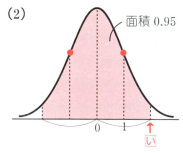

[目盛りから面積を求める]

(1)

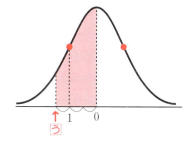 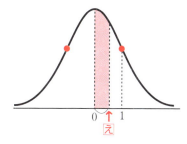

うの目盛りに入る値は、ア　ですから、

標準正規分布表より、左図の網目部の面積は、イ

えの目盛りに入る値は、ウ　ですから、

標準正規分布表より、右図の網目部の面積は、エ

よって答えは、イ ＋ エ ＝ オ

(2)

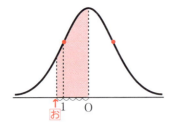

お の目盛りに入る値は、カ ですから、

標準正規分布表より、上図の網目部の面積は、キ

問題の網目部の面積は、0.5－キ ＝ ク

[面積から目盛りを求める]

(1) 標準正規分布表の中から 0.4 に近い数を探します。

するとケとコの間にあることが分かります。近い方の値を取って、

あ の目盛りは約ケです。

(2) 線対称なので中心軸から右半分の面積は、サ

これに近い値を標準正規分布表の中から探すと、シ が見つかります。

い の目盛りは、シ です。

解答

ア (1÷2)×3＝1.5	イ 0.4332	ウ 1÷2＝0.5
エ 0.1915	オ 0.6247	カ (1÷4)×5＝1.25
キ 0.3944	ク 0.1056	ケ 1.28
コ 1.29	サ 0.95÷2＝0.475	シ 1.96

Column 7　無限和でも有限値になる

　無限に伸びている図形の面積がつねに無限大になるかというとそうでもないのです。

　例えば、下図は右に無限に伸びていく図形ですが、面積は1になります。

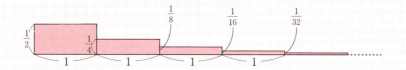

　上図は $\frac{1}{2} \times 1$ の長方形、$\frac{1}{4} \times 1$ の長方形、$\frac{1}{8} \times 1$ の長方形、…とよこの長さが1の長方形をつなげていきます。よこの長さは無限に伸びていきます。一方、たての長さは、

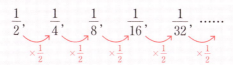

というように毎回 $\frac{1}{2}$（倍）になっています。

　これらの長方形を並べていくと長さは無限になります。しかし、不思議なことに面積は1になるのです。説明してみましょう。

　例えば3番目までの長方形の面積を足すと、

$$\frac{1}{2} + \frac{1}{4} + \frac{1}{8} = \frac{4}{8} + \frac{2}{8} + \frac{1}{8} = \frac{7}{8}$$

ですから、下図の数直線上の点 A で表されます。1を表す点を P とす

ると、APの長さは、

$$1 - \frac{7}{8} = \frac{1}{8}$$

になります。

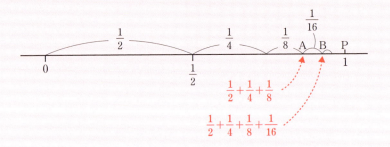

次の長方形の面積 $\frac{1}{16}$ を足すと、$\frac{1}{16}$ は $\frac{1}{8}$ の半分ですから、

$$\frac{1}{2} + \frac{1}{4} + \frac{1}{8} + \frac{1}{16}$$

を表す点Bは、AとPの真ん中の点になることが分かります。

このように長方形の面積を次々に足していくと、「面積の和を表す点 (A, B, …)」と「1を表す点P」との長さは毎回半分ずつに縮まっていきます。面積の和を表す点は点Pに限りなく近づいていきますから、無限個の面積の和は1であると考えてよいのです。

Column 8　Excelで正規分布を知る

　Excelを用いて、正規分布についての情報を得る方法について紹介しましょう。一般に、標準正規分布表を用いるよりも精度の高い情報を得ることができます。

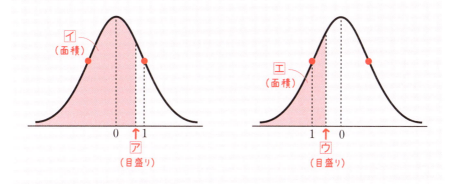

　Excelでは、数直線上の目盛りと、それよりも左側にある領域の面積との関係を知ることができます。

　例えば、アの目盛りが0.75であるとき、イの面積を求めてみましょう。

　セルを1つ選んでアクティブにし、

　　　＝NORM.S.DIST (0.75, TRUE)

と打ち込んで、エンターキーを押すと、セルの中に0.773373 というイの面積の値を得ることができます。「NORM.S.DIST」というコマンドは、標準正規分布は英語でstandard normal distribution というので、そこから取られたものです。

　Excelでは、エのような領域の面積でも一発で求めることができます。

115

左向きの数直線上で⑦の目盛りが0.75であったとします。このとき
は、

0.75の前に"−"を付けて、

$$= \text{NORM.S.DIST}(-0.75, \text{TRUE})$$

と打ち込むと、0.226627という④の面積を求めることができます。

逆に、④の面積から、⑦の目盛りを求めてみましょう。標準正規分布
表を用いたときは、表の中に面積に近い数を探して、それを指し示す表
枠の数字を読んだのでした。Excelの場合はこれも一発で求まります。

④の面積が0.7であるときの⑦の目盛りを求めるのであれば、

$$= \text{NORM.S.INV}(0.7)$$

と打ち込めば、0.524401と⑦の目盛りの値が返ってきます。

INVは、逆という意味の英語inverseから取られています。

面積が0.5よりも小さい値のときは、上右図のパターンになります。
例えば、

$$= \text{NORM.S.INV}(0.4)$$

と打ち込むと、−0.25335と返ってくるので、④の面積が0.4になるよ
うな⑦の目盛りは、左向きの数直線で目盛りが0.25335のときであるこ
とが分かります。

SECTION 4

正規分布！

正規分布をモデルとして使おう

さて、前の節で正規分布の領域の面積を求めることができるようになりました。もともと正規分布を導入したのは、ある種の統計データに関して、ヒストグラムを正規分布に見立てることができるからでした。

この節では実際に正規分布をモデルとして用いて、ヒストグラムを解析してみましょう。

> **問題21** 250 mL の缶入りウーロン茶 1000 本について内容量（g）を調べました。内容量の平均は 251.0 g、標準偏差は 0.8 g でした。内容量のデータを正規分布で近似できるものとして、次の問いに考えてください。
> (1) 内容量が 251.8 g 以上の缶はおよそ何本ありますか。
> (2) 内容量が 252.6 g 以上の缶はおよそ何本ありますか。
> (2) 内容量が 251.6 g 以上の缶はおよそ何本ありますか。

この統計のヒストグラムを描いてみましょう。といっても、正規分布に似ているおよその形を描いておけば十分です。生真面目な人は、階級幅を何 g にとればよいかなどと悩むかもしれませんが、あとで正規分布に見立てるので、ざっくりと描けばよいのです。例えば、次の左図のような感じです。

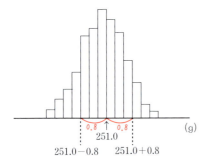 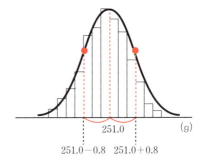

次に、このヒストグラムに上右図のように正規分布を被せます。この被せ方には2つの重要なポイントがあります。

1　データの平均に、正規分布の中心（対称軸とよこ軸の交点）を合わせる（このとき、適当にたて倍して、ヒストグラムの高さと正規分布の高さも合わせます）

2　適当によこ倍して、
　　（平均）−（標準偏差）、（平均）＋（標準偏差）
のそれぞれに正規分布の左変曲下点、右変曲下点を合わせる

この問題の例でいえば、

　　251.0に正規分布の中心を合わせ、
　　251.0−0.8＝250.2　と　251.0＋0.8＝251.8　に
　　左右の変曲下点を合わせます。

このように、正規分布を被せるときは、平均と標準偏差がポイントになります。

正規分布の中心から右変曲下点までの長さを標準偏差と名付けていました。上のように正規分布を被せると、正規分布の標準偏差とヒストグ

ラムの標準偏差がぴったり重なることになります。このような使い方をするので、正規分布の中心から右変曲下点までの間隔（線対称なので中心から左変曲下点の長さでもよい）を標準偏差と呼んでおいたのでした。

ところで、みなさんは洋服屋でシャツを選んだことはありますか。自分に合うサイズが分からないことをお店の方に申し出ると、お店の方は首回りと裄丈を採寸してくれます。この2カ所のサイズが分かれば、およそその人に合うシャツを選ぶことができるからです。正規分布の場合も、平均と標準偏差の2カ所の数値が分かれば、ヒストグラムに合う正規分布を得ることができます。

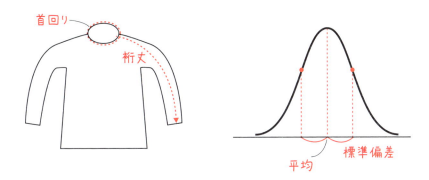

このように正規分布を被せると、ヒストグラムのよこ軸での標準偏差を表す長さと、「正規分布の数直線」での1を表す長さが等しくなります。

　　　（ヒストグラムでの標準偏差を表す長さ）
　　　　　　＝（「正規分布の数直線」での1を表す長さ）

さらに、次の関係が成り立ちます。

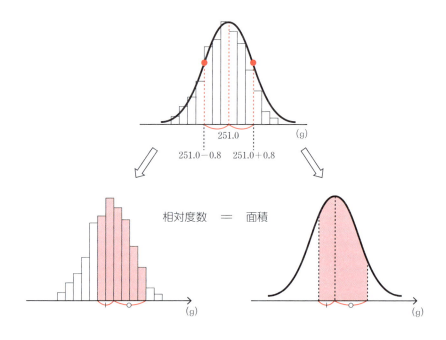

（ヒストグラムの網目部の相対度数）　　（正規分布の網目部の面積）
（網目部の範囲に含まれる相対度数の合計）　　（丘の面積を1としたときの割合）

　相対度数とは、データの大きさ（データ全体の度数）を1としたときの、注目しているデータの度数を割合で表したものでした。
　いま、ヒストグラムに正規分布を被せてモデル化すると、ヒストグラム全体が正規分布の丘（面積を1とする）に対応しているので、網目部の相対度数の値（階級が複数ある場合は、その相対度数の和）は、正規分布の網目部の面積の値に一致するのです。

　この2つの関係はヒストグラムを正規分布でモデル化するときの基本となりますから、ぜひ頭に叩き込んでほしい関係です。
　これでヒストグラムの正規分布によるモデル化が完了しました。このモデルにしたがって問題21の設問に答えていきましょう。

(1) ヒストグラムの目盛り251.8と「正規分布の数直線」の目盛り1が対応しています。

251.8g以上を表すヒストグラムの部分は、正規分布の1以上の部分に対応します。

定量的にいえば、

(251.8g以上の部分の相対度数) ＝ (正規分布の1以上の部分の面積)

という関係が成り立ちます。

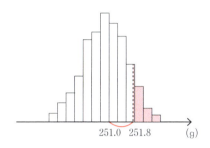 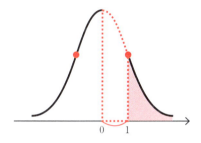

右の太破線で囲まれた部分の面積は、標準正規分布表で1に対応する値を読んで、0.3413となりますから、正規分布の1以上の部分（網目部）の面積は、

$$0.5 - 0.3413 = 0.1587$$

です。

このことから、左のヒストグラムでも251.8g以上の部分の相対度数が0.1587ということが分かります。251.8g以上のデータの度数は、およそ

$$1000 \times 0.1587 = 158.7$$

となります。

内容量が251.8g以上の缶は**およそ159本**であるといえます。

(2) ヒストグラムの252.6の点Aに対応する正規分布の数直線上の

値（図の▢ア）を求めましょう。

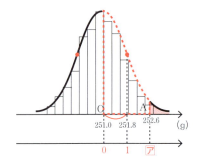
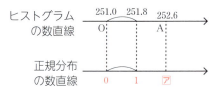

右の拡大図でOAの長さはヒストグラムの数直線では、偏差の$252.6 - 251.0 = 1.6$に当たる長さです。

ヒストグラムの数直線での標準偏差0.8（の長さ）が、正規分布の数直線の1（の長さ）に当たりましたから、▢アの値を求めるには偏差の1.6が標準偏差（0.8）の何個分なのかを考えればよいわけです。

$$1.6 \div 0.8 = 2$$

より、1.6は標準偏差2個分にあたります。▢アの値は2です。

標準正規分布表の2.00に対応する値を読むと0.4772ですから、左上の太破線で囲まれた部分の面積は0.4772です。正規分布の2以上の部分の面積（網目部）は、

$$0.5 - 0.4772 = 0.0228$$

になります。これはヒストグラムの252.6以上の相対度数が0.0228であることを示しています。252.6以上の度数はおよそ

$$1000 \times 0.0228 = 22.8$$

となります。

252.6g以上の本数は**およそ23本**ということが分かります。

（3） ヒストグラムの251.6の点Bに対応する正規分布の数直線上の値（図の▢イ）を求めましょう。

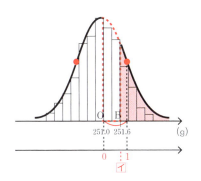

図のOBの長さはヒストグラムの数直線では、偏差の$251.6-251.0=0.6$に当たる長さです。ヒストグラムの数直線での標準偏差0.8（の長さ）が、正規分布の数直線の1（の長さ）に当たりましたから、イの値を求めるには<u>偏差の0.6が標準偏差（0.8）の何個分</u>なのかを考えればよいわけです。

$$0.6 \div 0.8 = 0.75$$

より、0.6は標準偏差0.75個分にあたります。イの値は0.75です。

標準正規分布表の0.75に対応する値を読むと0.2734ですから、左上の太破線で囲まれた部分の面積は0.2734です。正規分布の0.75以上の部分の面積（網目部）は、

$$0.5 - 0.2734 = 0.2266$$

になります。これはヒストグラムの251.6以上の相対度数が0.2266であることを示しています。251.6以上の度数はおよそ

$$1000 \times 0.2266 = 226.6$$

となります。

251.6g以上の本数は**およそ227本**ということが分かります。

比の計算に慣れている人（もとになる数〔1とする数〕で割ることが分かっている人）にとって（2）の問題は（1）と同様で簡単なのですが、そうでない人にとっては0.6と0.8とで割る順番を反対にしてしま

ったり、結果の0.75という数字が解釈できなかったりするので、敢えて問うまでです。

　正規分布を用いて、ヒストグラムの相対度数を求めるときのポイントは次のようにまとまります。

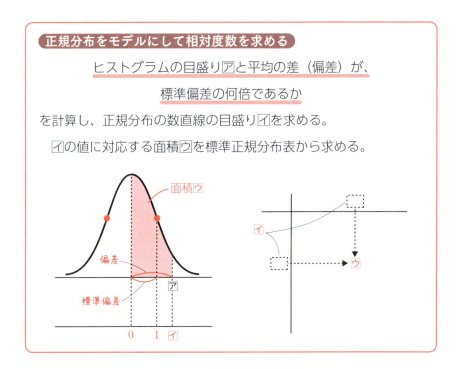

　偏差が標準偏差の何倍であるかを計算することをデータの**標準化**といいます。

　標準化した値から、標準正規分布表を用いて面積の値を探すわけです。

　上の問題では251.8、252.6、251.6が平均の251.0よりも大きい値になっていました。もしも平均よりも小さい値の場合は、正規分布の数直線の向きを左向きにして計算していきましょう。復習問題として、平均よ

りも小さい場合を扱います。

> **復習問題 7**　200 mL の緑茶の缶 1000 本について内容量（g）を調べました。内容量の平均は 199.0 g、標準偏差は 0.5 g でした。内容量のデータを正規分布で近似できるものとして、次の問いに考えてください。
> (1)　内容量が 198.5 g 以下の缶はおよそ何本ありますか。
> (2)　内容量が 198.0 g 以上の缶はおよそ何本ありますか。
> (3)　内容量が 198.6 g 以下の缶はおよそ何本ありますか。

内容量のデータを表すヒストグラムに正規分布を被せると次の図のようになります。

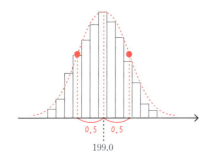

(1)　平均よりも小さいところを調べるので、正規分布の数直線の方向は左向き、すなわち大きい数がより左側にあることに注意します。

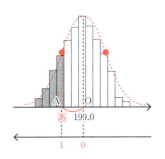
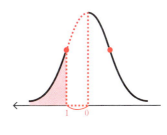

ヒストグラムの目盛りあが、正規分布の目盛り1に対応しています。目盛りあは ア と計算できます。前ページ右図の正規分布の太破線で囲まれた部分の面積を求めるには、標準正規分布表から1.00 or 1 に対応する値を読んで、イ となります。これより、正規分布の1より大きい部分（1より左側の部分、網目部）の面積は、

$$0.5 - \boxed{イ} = \boxed{ウ}$$

です。

（198.5g以下の部分の相対度数）＝（正規分布の1より左側の面積）

という関係が成り立っていますから、198.5g 以下のデータの相対度数は ウ です。198.5g 以下のデータの度数は、およそ

$$1000 \times \boxed{ウ} = \boxed{エ}$$

内容量が198.5g以下のペットボトルは、約 オ 本です。

(2)

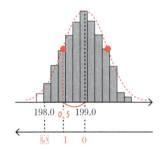 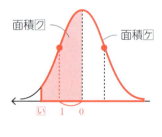

正規分布の目盛りいにあてはまる数を求めるために、平均199.0と198.0の差199.0－198.0が、標準偏差(0.5)の何個分に当たるか計算してみましょう。

$$\underset{(式)}{\boxed{カ}} = \boxed{キ}$$

126　SECTION 4　正規分布をモデルとして使おう

となりますから、正規分布の目盛り[い]にあてはまる数は[キ]になります。

左ページ右図の網目部の面積は、標準正規分布の表で[キ]に対応する値[ク]に等しく、太線の部分の面積[ケ]は、

$$[ク] + 0.5 = [ケ]$$

です。

（198.0g以上のデータの相対度数）＝（正規分布の[い]より右側の面積）

という関係が成り立っていますから、198.0g以上のデータの相対度数は[ケ]です。198.0g以上のデータの度数は、およそ

$$1000 \times [ケ] = [コ]$$

となります。

内容量が198.0g以上のペットボトルはおよそ[サ]本です。

(3)

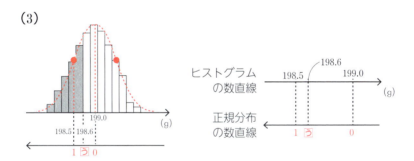

正規分布の目盛り[う]にあてはまる数を求めるために、平均199.0と198.6の差199.0－198.6が、標準偏差（0.5）の何個分に当たるか計算してみましょう。

$$\underset{(式)}{[シ]} = [ス]$$

となりますから、正規分布の目盛り[う]にあてはまる数は[ス]になります。

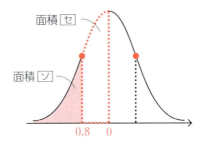

上図の太破線部の面積は、標準正規分布の表でスに対応する値セに等しく、上図の網目部の面積タは、

$$0.5 - \boxed{セ} = \boxed{ソ}$$

です。

（198.6 g 以下のデータの相対度数）＝（正規分布の 0.8 より左側の面積）

という関係が成り立っていますから、198.6 g 以下のデータの相対度数は$\boxed{ソ}$です。198.6 g 以下のデータの度数は、およそ

$$1000 \times \boxed{ソ} = \boxed{タ}$$

となります。

内容量が 198.6 g 以下のペットボトルはおよそ$\boxed{チ}$本です。

解答

ア	$199.0 - 0.5 = 198.5$	イ	0.3413	ウ	0.1587
エ	158.7	オ	159	カ	$(199.0 - 198.0) \div 0.5$
キ	2	ク	0.4772	ケ	0.9772
コ	977.2	サ	977	シ	$(199.0 - 198.6) \div 0.5$
ス	0.8	セ	0.2881	ソ	0.2119
タ	211.9	チ	212		

Column 9　偏差値なんて怖くない

偏差値という言葉を聞いたことがある人は多いと思います。点数が上がったのに偏差値は下がって不思議に思った人もいるかもしれません。偏差値は、試験を受けた人たちの中で自分がどこに位置するのかという相対評価の指標なので、このようなことが起こるのです。偏差値は平均と標準偏差から導くことができます。解説しておきましょう。

> **問題22**　Aさんは、春のテストでは71点で、偏差値は65でした。夏のテストでは88点と17点も点数は上がったのに、偏差値は62に下がってしまいました。こんなことはありうるでしょうか。

はじめに偏差値の計算法を確認しておきましょう。

平均点と標準偏差から偏差値を求めるには、次の式を用います。

$$(偏差値) = 50 + \frac{(点数) - (平均点)}{(標準偏差)} \times 10$$

例えば、春のテスト、夏のテストの平均点、標準偏差が、それぞれ、

	平均点	標準偏差
春のテスト	53	12
夏のテスト	64	20

であるとします。すると、春のテスト、夏のテストでの偏差値は、

春のテスト　　$50 + \dfrac{71 - 53}{12} \times 10 = 50 + \dfrac{18}{12} \times 10 = 50 + 15 = 65$

夏のテスト　　　$50 + \dfrac{88-64}{20} \times 10 = 50 + \dfrac{24}{20} \times 10 = 50 + 12 = 62$

となります。問題のようなことは十分にありえます。なお、
（点数）＜（平均点）のときは、次の式になります。

$$（偏差値）= 50 - \dfrac{（平均点）-（点数）}{（標準偏差）} \times 10$$

　点数と平均点のどちらが大きいかによって計算法が分かれるのです。

　偏差値は相対評価であるといいました。ですから、テストの受験者数が分かれば、偏差値からおよその順位を知ることができます。

問題 23　テストの受験者数が 2000 人のとき、偏差値が 65 の人の順位はおよそ何位くらいでしょうか。点数のデータに関するヒストグラムは正規分布で近似することができるとして答えてください。

　ここで偏差値を求める式の解説をしておきましょう。

$$（偏差値）= 50 + \dfrac{（点数）-（平均点）}{（標準偏差）} \times 10 \qquad [（点数）>（平均点）のとき]$$

　この式で分数の分子は偏差を表しています。それを標準偏差で割っていますから、分数は「偏差が標準偏差の何倍であるか」を計算していることになります。

　「偏差が標準偏差の何倍であるか」という計算（標準化）は、正規分布の数直線の目盛りを計算するときと同じ計算です。

　偏差値が 65 のとき、偏差が標準偏差の何倍になっていたかを求めてみましょう。

$$50 + \dfrac{（点数）-（平均点）}{（標準偏差）} \times 10 = 65$$

です。50 に波線部を足して 65 になったのですから、波線部は $65-50=15$ です。

$$\frac{(点数)-(平均点)}{\underline{(標準偏差)}} \times 10 = 15$$

10倍して15になったのですから、波線部は $15 \div 10 = 1.5$ です。

$$\frac{(点数)-(平均点)}{(標準偏差)} = 1.5$$

つまり、偏差値が65のとき、偏差は標準偏差の1.5倍になっています。

ということは、正規分布をモデルにしたとき、点数に対応する正規分布の数直線上の目盛りは1.5になるということです。

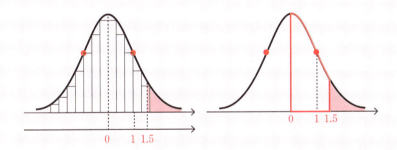

アカい線で囲まれた部分の面積を標準正規分布表で調べると0.4332ですから、網目部は、$0.5 - 0.4332 = 0.0668$ です。よって、ヒストグラムの網目部に対応する相対度数は0.0668です。

ヒストグラムで網目部の度数（人数）は、

$$2000 \times 0.0668 = 133.6$$

と計算できますから、偏差値65の人はおよそ134位であると考えられます。

Column 10　正規分布で近似できるとき、できないとき

　さて、ここまで正規分布で近似できるデータを中心に扱ってきました。ですから、世の中のデータのヒストグラムはすべて正規分布で近似することができるのではと思ってしまったかも知れません。しかし、実際には正規分布で近似できない分布も多数あります。

　このColumnでは、正規分布で近似できる分布、できない分布について例を挙げてみましょう。

　正規分布で近似できるヒストグラムとは、例えば、次のようなデータを取ったときのヒストグラムです。

① A工場で製造している長さ3cmの釘1000本を実際に測った長さ（cm）

② B茶250mL入り缶飲料640本について測った内容量（g）

③ C市の小学校6年生の男子3744人の身長（cm）

④ D市の成人女子30万人を200人ずつ1500グループに分けたときの各グループの平均体重（kg）

⑤ サイコロを500回投げて偶数の目（2、4、6のどれか）の出る回数を記録することを1クールとする。何クールもくり返してデータを取る。

　一度に挙げたので読む気が失せたかもしれません。個別に見ていきましょう。

　①と②はどちらも誤差についてのデータを集めています。誤差が含ま

れるデータは正規分布で近似することが可能である場合が多いです。

　正規分布はガウス分布とも呼ぶときがあります。ガウスとはドイツの数学者・物理学者の名前で、ガウスは天体観測の際に出る誤差を研究してこの分布に気付いていたといわれています。

　③のように年齢別に見た身長のデータのヒストグラムは正規分布で近似することができます。一方、体重の方は正規分布で近似するにはふさわしくないデータであるとされています。身長の決定には遺伝的要素が大きく、体重の決定には生活習慣など後天的要素が大きいので、このような違いが出ると考えられています。

　一般に、正規分布で近似できるデータは、いろいろな要素が組み合わさった偶然性の大きな結果のデータであり、正規分布で近似できないデータは、後天的な要因によって定まる、必然性の大きな結果のデータである傾向があります。

　①から③は、得られた値を加工することなく集められた、いわば"生のデータ"です。④は、得られたデータの平均を取るといういわば"加工したデータ"です。

　④が正規分布で近似できるのは、中心極限定理という数学の定理のお蔭です。もともと体重のデータは正規分布で近似するにはふさわしくないとされていますが、このように平均を取ると正規分布で近似することができるようになります。このことは、3章2節で詳しく述べます。

　⑤は確率的な実験のときに現れる正規分布の例です。サイコロを投げて偶数の目が出る確率は2分の1です。⑤のように一定の確率で起こる実験を数百回以上くり返すとき、そのうち何回起こったかというデータは正規分布で近似できます。このことはラプラスの定理と呼ばれる定理の例です。

第②章

正規分布

このようなデータに関してのヒストグラムは、正規分布と呼ばれる分布に似ていて、正規分布の性質を用いてデータを解析することが可能なのです。

逆に正規分布で近似できないヒストグラムの例には次のようなものがあります。

① ある国の小学校5年男子10000人の身長のデータは正規分布で近似できます。ある国の20歳男子10000人の身長のデータも正規分布で近似できます。しかし、小学校5年男子10000人の身長のデータと20歳男子10000人の身長のデータを合わせて1つのデータとしたとき、このデータのヒストグラムは正規分布で近似するにはふさわしくありません。

小学校5年男子と20歳男子を合わせた身長のデータのヒストグラムは2つの山を持ちます。正規分布のように山が1つのヒストグラムになるデータを「単峰性を持つ」といい、山が2つ以上のヒストグラムになるデータを「多峰性を持つ」といいます。

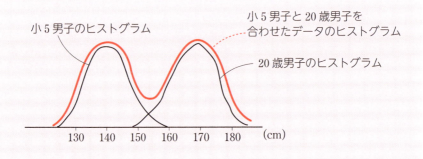

② 成人男子の体重のデータは正規分布で近似するのは相応しくないデータとして知られています。正規分布は左右対称ですが、体重のデータは重い方の裾野が長くなり、左右対称にはなりません。

③ 1日に多くても10人程度しか来客のないオフィスがあります。このオフィスで1年間に渡り、1日の来客数のデータを取りました。すると、次のようになりました。ヒストグラムは、右側の裾野が長くなり対称性は崩れています。正規分布で近似するのは相応しくありません。

人数	0	1	2	3	4	5
日数	18	56	79	85	63	40

人数	6	7	8	9	10
日数	16	5	2	0	1

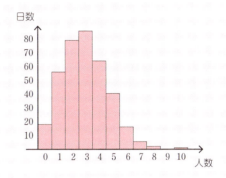

このようにまれに起こること（例では来客）が期間ごと（例では1日あたり）に何回起こるかというデータのヒストグラムはポアソン分布と呼ばれる分布で近似できることが知られています。

ただ、このポアソン分布も平均が大きい場合には、正規分布で近似できるようになることが知られています。また、女王のお出ましなのです。

第 3 章

推 測 統 計

　現場に残された手掛かりから犯人を追い詰める。誰しもミステリーの渦に惹きこまれたことがあるでしょう。

　推測統計も、データの一部から全体を推測・予測するというのですから、ミステリーに近いところがあると思います。ミステリーの謎は名探偵でなければ解けませんが、推測統計の手法である検定・推定は手順さえ覚えれば誰でも使いこなすことができます。

　統計学の真髄は万人に解放されているのです。

　計算がめんどくさいという人には、検定・推定のための統計ソフトもあります。いまどき手計算で統計分析をする人は稀です。しかし、みなさんには検定の原理が分からずソフトが使えるだけの人になってほしくはありません。統計ソフトが計算している中身が分かってソフトを使える人になってほしいと願っています。この本で紹介する独立性検定、適合度検定が体験できるページを Web 上に作りましたから、原理が分かった人はぜひ遊んでみてください。

SECTION 1

確率って何？

推測統計を理解するために確率という言葉に慣れておきましょう。

中学校以降で数学を勉強した方の中には、確率に嫌な想い出しかない方も多いかもしれません。しかし、中・高で解かされたような確率の問題は扱いませんから心配はご無用です。安心して読み進めてください。

画鋲(がびょう)を投げて上向きになるか下向きになるかのデータを取ることを考えます。

上向き

下向き

データを取るための画鋲を1個用意します。この画鋲を100回投げてデータを取ったところ、

　　　上　61　　　下　39　　　計 100

のようになりました。このことから、画鋲を投げたとき、上向きと下向きでは上向きの方が起こりやすいことが読み取れます。

起こりやすさの度合いを表す数を、**確率**といいます。上の結果から、

画鋲を投げたとき、上向きになる確率の方が下向きになる確率よりも大きいことが予想できます。

確率は割合で表します。割合ですから、小数や分数や百分率で表すことになります。この本では百分率で表すことが多いです。

画鋲を投げて　　上向きになる　　確率

という場合では、画鋲を投げた回数が"もとにする数"、上向きになる回数が"比べられる数"です。確率を求めるには、上向きになる回数を、画鋲を投げた回数で割って、

（上向きになる回数）÷（画鋲を投げた回数）
（比べられる数）　　　　（もとにする数）

という式が基本となります。割合の計算の仕方と同じですね。それで、この本のはじめに割合の計算の仕方を確認したのです。

確率の式では、"比べられる数"は"もとにする数"よりもつねに小さいですから、確率の値は、つねに0から1までの数、百分率でいえば0%から100%までの数になります。

画鋲投げの場合、投げた全回数を1とすると、上が出る回数の割合は、

$$61 \div 100 = 0.61 \qquad 百分率では \qquad 61\%$$

ですから、「確率は61%」といいたいところです。

しかし、次に100回投げてデータを取って、はじめの100回と合わせて集計すると、下のようになりました。

上　　131　　　　下　　69　　　　計200

上向きになる割合は、131 ÷ 200 = 65.5　百分率では　65.5%

画鋲を投げて上向きになる確率は、60％台だろうなあ、と予想できますが、実際のところは分かりません。

　そこで、また次に100回投げてデータを取って、全300回の結果をまとめて、上向きになる割合を計算します。また次に100回投げてデータを取って、全400回の結果をまとめて、上向きになる割合を計算します。

　ということをくり返し、画鋲を投げる回数を多くしていき、上向きになる割合をその都度計算していきます。すると、割合は一定の値に近づいていくことが知られています。このように、回数を多くしていくと起こる割合が一定の値に近づいていくことを**大数の法則**といいます。

　この近づいていく値が、画鋲を投げて上向きが出る確率です。

> **大数の法則**
> 　実験回数を多くすればするほど、実験結果から計算した事柄の起こる割合は、事柄の起こる確率に近づいていく。

　画鋲投げの回数を多くしていったときの上向きの割合が次のグラフのようになったとします。

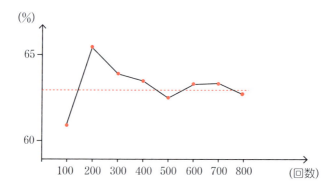

前ページの図では63％に近づいているように読み取ることができるので、画鋲を投げて上向きになる確率は約63％であることが分かります。

　すべての画鋲について、上向きになる確率が約63％であるということを主張しているわけではありません。はじめに断ったように、このデータは特定の画鋲に関して取ったデータであって、異なる画鋲を用いれば上向きになる確率は異なった値になることでしょう。

　いずれにしても、このように現実の世界で確率を求めるには、とにかく多くのデータを集めて割合を計算すればよいのです。集めたデータが多ければ多いほど、より正確な確率の値を求めることができます。

「多くのデータを集めたとき割合が近づいていく値が確率」

ですが、この表現だとあとあとややこしくなる場合が生じるので、

「十分多くのデータを集めて計算した割合が確率」

であると言い換えておきましょう。「十分多くのデータ」という表現には、割合が確率に近づいていく意味まで込めていると思ってください。

　画鋲投げの確率よりも少し複雑な例で、「十分多くのデータ」という言葉の使い方を確認しましょう。

問題 24 紙飛行機を投げて、滞空時間（単位：秒）を測る実験をしました。十分多くの回数だけ実験をくり返し、結果を相対度数分布表にまとめると次の表のようになりました。紙飛行機を投げて滞空時間が5秒以上になる確率はいくらですか。

階級	相対度数
2 未満	0.10
2 以上 3 未満	0.35
3 以上 4 未満	0.25
4 以上 5 未満	0.16
5 以上 6 未満	0.10
6 以上	0.04

　十分多くの回数だけくり返したときの割合が確率でした。また、相対度数とは、データの大きさを1として度数を割合で表したものでした。

　問題の表は、十分多くの回数だけ実験をくり返したときの相対度数分布表なので、表中の相対度数は、階級の状態が起こる確率を表しています。

　十分多くの回数だけ実験をくり返したとき、2未満の階級の相対度数が0.10になったということは、紙飛行機を投げて滞空時間が2秒未満になる確率は0.10であるということです。

　滞空時間が5秒以上になる確率は、5以上6未満の階級の相対度数0.10と、6以上の階級の相対度数0.04を足して、

$$0.10 + 0.04 = 0.14 \qquad 百分率では14\%$$

となります。

142　SECTION 1　確率って何？

<u>データのサイズが十分大きいときの相対度数分布表から階級の状態が起こる確率の値を知ることができる。</u>

ということを覚えておきましょう。

十分多くのデータを取らなくても確率が予想できることがあります。次のような場合です。

> **問題 25** 箱の中に白玉 3 個、赤玉 1 個が入っています。この箱の中から玉を 1 個取り出すとき、取り出した玉が赤玉である確率はいくらですか。

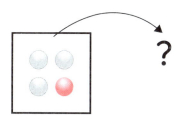

箱の中に入っている玉は全部で 3+1=4（個）あります。4 個のうち 1 個が赤玉です。箱の中での赤玉の割合は、

$$\frac{1}{4} = 0.25 \quad 百分率では 25\%$$

です。

中学校以降で数学の授業を受けた方は、この割合を確率と解釈することでしょう。たしかに学校の問題集の問題であれば、取り出した玉が赤玉である確率は、

$$\frac{1}{4} \quad 百分率では 25\%$$

で正解です。

注意して欲しいことは、この問題の確率であっても、本来は、画鋲の
ときのように、1個取り出しては色を確かめて玉を箱の中に戻し、また
1個取り出しては色を確かめて玉を箱の中に戻し、……という操作をく
り返してデータを取り、赤玉の出る割合を計算したその結果が25％に
近づいていくと解釈しなければいけないということです。

　箱の中での赤玉の割合は、現在の状態から導き出した割合です。一
方、確率の方は、玉を取り出すことをくり返すという未来の行為から導
いた割合です。ですから、本来は別のものです。

　しかし、4つの玉が大きさも重さも同じで、形もまったく同じ、箱か
ら取り出す前には、箱をよく振って玉がよく混ざるようにするなど、4
個の玉の取り出しやすさが等しくなるような条件を整えれば、これらが
一致します。赤玉だけが白玉よりも大きかったら、赤玉の出る確率は大
きくなるかもしれません。取り出しやすさが異なるような条件があれ
ば、赤玉の出る確率は25％にはなりません。

　玉の取り出しやすさが対等であるという条件を満たすとき、

　　　　　箱の中の赤玉の現在の割合と、

　　　　　箱から玉を取り出すことをくり返して導いた未来の割合（確率）
が一致するのです。

　標語でまとめると、

　　　　　「現在の割合」＝「未来の割合（確率）」
となります。

　中学校以降で演習する確率の問題では、玉の取り出しやすさが対等で
あることは大前提としていて、特に断らないだけなのです。取り出しや
すさが対等であるとき、4個の玉のそれぞれを取り出す確率は等しくな
ります。

　このような状態を同様に確からしいといいます。同様に確からしい場

144　SECTION 1　確率って何？

合は、冒頭の計算のように、現在の赤玉の割合を求めれば、それがそのまま赤玉の出る確率になります。

さて、問題25を統計に当てはめると面白いことがいえます。

問題26　小学6年生のあるクラスの男子20人に垂直跳びをしてもらって記録を取り、度数分布表にまとめたところ、次の表のようになりました。

階級（cm）	度数
35 以上 40 未満	4
40 以上 45 未満	5
45 以上 50 未満	6
50 以上 55 未満	3
55 以上 60 未満	2
計	20

　20人には、1から20までの出席番号が与えられています。1から20の番号の書かれた20本のくじから1本を引き、くじに書かれた番号の人が当たりとします。一度引いたくじは元に戻し、また20本にします。ここで、次のような作業を定めます。

　　作業「くじを引き、当たりの人の垂直跳びの記録が
　　　　　どの階級に属するかを記録する」

　この作業を十分多くくり返して得られたデータの相対度数分布表を求めてください。

　クラスの男子20人中、例えば、45cm以上50cm未満の生徒は6人なので、45cm以上50cm未満の階級の相対度数は、

145

$$\frac{6}{20} = 0.30$$

です。くじ引きではどの番号も当たりやすさは対等です。くじ引きという仕組みによって「同様に確からしい」という条件が担保されます。

このとき、現在の割合は、未来の割合（確率）と一致しますから、くじを引いて、当たりが45cm以上50cm未満の人である確率も、0.30になります。

十分多くくり返して得られたデータの相対度数は、確率に一致しますから、この作業で得られたデータでも45cm以上50cm未満の階級の相対度数は0.30となります。

他の階級についても同様ですから、

（もとのデータの、ある階級の相対度数）

＝（くじ引きで、ある階級が当たる確率）

＝（くじ引きで得られたデータの、ある階級の相対度数）

くじ引きを十分多くくり返して得られたデータ

という関係が成り立ちます。

結局、作業を十分多くくり返して得られたデータの相対度数分布表は、もとのデータの相対度数分布表に一致します。

階級（cm）	度数	相対度数	
35 以上 40 未満	4	0.20	4 ÷ 20 = 0.20
40 以上 45 未満	5	0.25	5 ÷ 20 = 0.25
45 以上 50 未満	6	0.30	6 ÷ 20 = 0.30
50 以上 55 未満	3	0.15	3 ÷ 20 = 0.15
55 以上 60 未満	2	0.10	2 ÷ 20 = 0.10

平均、標準偏差は相対度数分布表から計算することができました。2つのデータがあり、それらが同じ相対度数分布表を持てば、それから計

算した2つのデータの平均と標準偏差は一致します。ですから、"くじ引きで得られたデータ"の平均、標準偏差は、"もとのデータ"の平均、標準偏差に一致します。

　くじ引きを扱ったので、「無作為」、「復元抽出」という言葉について説明しておきましょう。

　この問題では、20本のくじから1本のくじを引いてもらい、そこに書かれた出席番号の人を当たりとしました。どの人も当たりやすさが等しいので、20人の中から「無作為」に1人を選んだことになります。

　無作為とは、「偶然に任せて」とか「何かを特別視することなく」という意味です。ですから、「無作為に」という副詞が付くと、どの人も選ばれる確率が等しいということになります。「無作為」という言葉をさっそく使ってみると、次のようになります。

　　　　20人の中から1人を無作為に選ぶとき、

　　　　ある特定の人が選ばれる確率は、20分の1です。

　また、この問題のくじ引きのように、引いたくじを元に戻して、くじ引きのはじめの状態を復元してから次のくじ引きを引く場合を復元抽出といいます。すなわち、くじ引きを復元抽出で100回行なうとは、続けて100回引くのではなく、1本引いてはもとに戻し、1本引いてはもとに戻しということを100回くり返し、100回分のデータを取るということです。

　くじ引き以外でも、「十分多くの回数だけくり返す」というときは「復元抽出」という条件が隠れていると思ってください。

　さて、この問題から得られたことをまとめると次のようになります。

147

> **もとのデータとくり返し抽出データの関係**
>
> 　データAから無作為に1つの値を選んで、その階級を記録するという作業を十分多くの回数だけくり返してデータBを作ると、
>
> 　　データBの相対度数分布表、平均、標準偏差は、
> 　　データAの相対度数分布表、平均、標準偏差と一致する。
>
>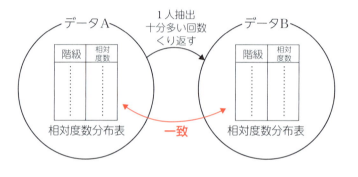

　これが推測統計を支える根本原理となります。

SECTION 2

推測統計！

「平均データ」を使いこなそう

　前の節で大数の法則を紹介しました。これをさらに精密化したものが、この節で紹介する中心極限定理です。中心極限定理を知ると、統計学が神秘的なものにさえ思えてきます。そして、統計学の女王・正規分布の偉大さにひれ伏すことになるでしょう。

　前の節の復習から始めます。

> **問題 27**　ある国の 10 歳の男子の体重は、平均が 34 kg、標準偏差が 6 kg であるそうです。ここで、次のような作業を定めます。
>
> **作業**　「この国の 10 歳の男子の中から無作為に 1 人を選んで体重を記録する」
>
> この作業を十分多くの回数くり返して作ったデータを「1 人データ」と呼ぶことにします。「1 人データ」の平均、標準偏差はいくらになりますか。

　前の節では、データから無作為に取り出した 1 人の「階級」を記録していきました。今回の問題では、「数値そのもの」を記録しています。

　階級が設定してあれば、「1 人データ」の相対度数分布表、平均、標準偏差は、もとのデータの相対度数分布表、平均、標準偏差に一致します。

1章 §4で計算したように、相対度数分布表から計算した平均、標準偏差は、階級を設定せずに計算した平均、標準偏差にほとんど一致します。特に、階級の個数を多く、階級幅を狭くしていくと、相対度数分布表から計算した平均、標準偏差は、精度が上がっていきます。

　ですから、十分多くの回数だけ作業をくり返して作った「1人データ」の平均、標準偏差は、もとのデータで階級を設定せずに計算した平均34kg、標準偏差6kgに一致します。

　さて、次はデータから無作為に複数個の値を取り出す復元抽出を考えましょう。

　問題 28　ある国の10歳の男子の体重は、平均が34kg、標準偏差が6kgであるそうです。ここで、次のような作業を定めます。

　作業　「この国の10歳の男子の中から無作為に4人を選んで4人の体重の平均を計算して記録する」

　この作業を十分多くの回数くり返して作ったデータを「4人平均データ」と呼ぶことにします。「4人平均データ」の平均、標準偏差はいくらですか。

　前の問題で扱ったように、作業回数を多くしていくと、「1人データ」の平均、標準偏差は、もとのデータ（ある国の10歳男子全員の体重データ）の平均34kg、標準偏差6kgに近づいていきます。

　「4人平均データ」ではどうなるでしょうか。

　4人の平均を、「4人平均データ」の平均と区別する意味で単純平均と呼ぶことにしましょう。

　まずは、「4人平均データ」の平均の方から説明してみましょう。

　　　単純平均　　　　　　データの平均

150　SECTION 2 「平均データ」を使いこなそう

選んだ4人のうち1人に関しては、「1人データ」の平均はもとのデータの平均で34kgですから、選んだ4人の1人ずつを34kgだと思って単純平均を計算しましょう。

　すると、

$$(34+34+34+34) \div 4 = (34 \times 4) \div 4 = 34 \text{ (kg)}$$

となります。「4人平均データ」の場合でも平均は34kgになります。結局、「4人平均データ」の平均はもとのデータの平均に一致するのです。

　標準偏差の方はどうでしょうか。

　結論からいうと、「4人平均データ」の標準偏差は、もとのデータの標準偏差6を$\sqrt{4}$で割った値（$6 \div \sqrt{4} = 6 \div 2 = 3$）になります。

　これを算数の範囲で説明するのは難しいのですが、挑戦してみます。

　「1人データ」については標準偏差が6kgですから、1人についての偏差が6kgであるとして考えましょう。

　単純平均を取るときに4で割っていますから、1人についての偏差6kgが単純平均データの偏差に寄与するのは$\frac{6}{4}$kg、したがって、分散（偏差の2乗平均）に寄与するのは$\left(\frac{6}{4}\right)^2$です。

　単純平均データの分散は4人分の分散なので、分散は$\left(\frac{6}{4}\right)^2 \times 4$となります。

この分散の式を変形していくと、

$$\left(\frac{6}{4}\right)^2 \times 4 = \frac{6 \times 6}{4 \times 4} \times 4 = \frac{6 \times 6}{4} = \frac{6 \times 6}{2 \times 2} = \left(\frac{6}{2}\right)^2$$

↑この 2 は $\sqrt{4}$ として求めることができます。

となります。標準偏差は分散のルートですから、

$$\sqrt{\left(\frac{6}{2}\right)^2} = \frac{6}{2}$$

となります。分母の 2 の由来は $\sqrt{4}$ ですから、「4 人平均データ」の標準偏差は、

$$\frac{(もとのデータの標準偏差)}{\sqrt{4}}$$

[もとのデータ：ある国の 10 歳男子の体重のデータ]

となっています。

4 人のところを変えて、6 人にする、すなわち作業を

この国の 10 歳の男子の中から無作為に 6 人を選んで
6 人の体重の平均を計算して記録する。

と人数を変更することにすると、こうして得られた「6 人平均データ」の分布の標準偏差は、

$$\frac{(もとのデータの標準偏差)}{\sqrt{6}}$$

となります。

ここまでのことをまとめておきましょう。

次の文章の□の中には同じ数が入るものと思って読みましょう。□のままではしっくりこないという人は、自分の好きな整数を 1 つ選んで

□の中に入れて読んでみましょう。

「□人平均データ」の平均、標準偏差

　もとのデータの中から無作為に□人を選んで
　□人の体重の単純平均を計算して記録する。

という作業を十分多くの回数くり返して「□人平均データ」を作る。

　このとき、

（「□人平均データ」の平均）＝（もとのデータの平均）

（「□人平均データ」の標準偏差）＝ $\dfrac{(\text{もとのデータの標準偏差})}{\sqrt{\Box}}$

となる。

　問題28では、ある国の10歳の男子から無作為に4人を選んだので、「4人平均データ」を作ることになりました。上のまとめの□に4を入れて読めば、問題28についての説明になります。

　まとめでは、平均と標準偏差の関係しか説明していませんが、「4人平均データ」のヒストグラムをもとのデータのヒストグラムに重ねると次のようになるでしょう。

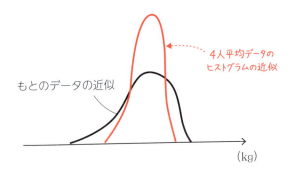

　もとのデータのヒストグラムと「4人平均データ」のヒストグラムを比べると、「4人平均データ」はもとのデータよりも標準偏差が小さくなるので、「4人平均データ」のヒストグラムはもとのデータのヒストグラムに比べて細く見えることになります。「4人平均データ」のヒストグラムの形は、ほぼもとのデータのヒストグラムをよこ方向に半分に潰した図形になります。

　無作為に選ぶ人数を4人ではなく、100人にするとどうなるでしょうか。

　□に100が入りますから、

$$(\text{「100人平均データ」の標準偏差}) = \frac{(\text{もとのデータの標準偏差})}{\sqrt{100}}$$

$$= \frac{(\text{もとのデータの標準偏差})}{10}$$

となります。

　「100人平均データ」の標準偏差はもとのデータの標準偏差の10分の1ですから、「100人平均データ」のヒストグラムは、もとのデータのヒストグラムに比べてずいぶん細くなることが予想されます。

　大数の法則によれば、選ぶ人数を多くすればするほど、1回あたりの単純平均はもとのデータの平均に近づいていきます。それは、単純平均

のばらつき、すなわち「□人平均データ」の分散、標準偏差が小さくなるということです。

ここで注意を喚起したいのは、「100人平均データ」のヒストグラムの形です。

「100人平均データ」のヒストグラムの形は、もとのデータのヒストグラムの形をよこ方向にそのまま10分の1に縮めたものにはならないのです。「100人平均データ」のヒストグラムの形は細長い正規分布に近くなります。

もしも、もとのデータから「1000人平均データ」を作ったとしたら、「1000人平均データ」のヒストグラムは、「100人平均データ」のヒストグラムに比べて、もっと正規分布に近い形になります。

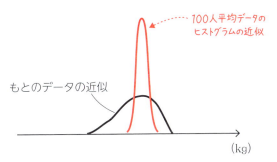

このように「□人平均データ」の□のなかの数が大きくなればなるほど「□人平均データ」のヒストグラムは細くなると同時に正規分布に近づいていきます。このような性質を**中心極限定理**といいます。

中心極限定理をまとめておくと次のようになります。

中心極限定理

「□人平均データ」のヒストグラムは、□に入る数が大きければ大きいほど、正規分布に近づく。

SECTION 3 推測統計の枠組みを知ろう

推測統計！

　§1では確率と大数の法則の関係の説明をし、§2では「平均データ」と中心極限定理の説明をしました。§2までで、推測統計を理解するための原理をあらかた説明したことになります。ここからは、§1、§2で提示された事実を推測統計の状況に当てはめていきます。

　まず、推測統計の枠組みを理解し、推測統計での基本的な用語を学んでおきましょう。

　推測統計を標語的にまとめると、

　　　部分から全体を推測する統計学

となります。

　はじめにテレビの視聴率調査を例にとり、推測統計の用語を解説しておきましょう。

　推測統計では、特徴を知りたい対象のデータを**母集団**、そこから抽出（取り出すこと）した一部のデータを**標本**といいます。標本という言葉は、「昆虫標本」などと使うことがありますね。この場合の「標本」も、あまたいる昆虫の中から、取り出してきたという意味を持っています。

　視聴率調査の場合でいえば、番組が放送されている地域の全世帯が母集団、実際に視聴率調査に協力している世帯が標本となります。標本として取り出したデータの個数を**標本の大きさ**または**標本のサイズ**といい

ます。

　関東地区1800万世帯の視聴率を調査するとき、900世帯を取り出して調べるのであれば、1800万世帯が母集団、900世帯が標本、900が標本のサイズになります。

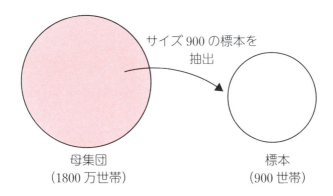

　調査をするときに一番確実なのは、調査対象のすべてのデータを調査することです。これを**全数調査**といいます。視聴率調査でいえば、日本の全家庭のテレビについて視聴を調査するのが全数調査です。

　これに対して、調べたいデータの一部を取って調査することを**標本調査**といいます。実際の視聴率調査は一部の世帯を選んで調査していますから標本調査をしていることになります。

　全数調査をすれば確実であることが分かっていても、全数調査ができない場合があります。それは、調査することで対象を棄損してしまう場合や調査にコストがかかりすぎる場合です。

　例えば、ある工場で製品の耐久性を調べるのに製品を潰さなければならないとしたら、耐久性の全数調査は不可能です。また、視聴率の調査では日本の世帯すべての視聴動向を調べるにはコストがかかりすぎます。

　そこで全数調査の代わりに標本調査をし、推測統計を用いて標本から

母集団の特徴を予測するのです。

§1と§2で確認した事実がどう推測統計に生かされていくのか説明しましょう。

§1では、最後に

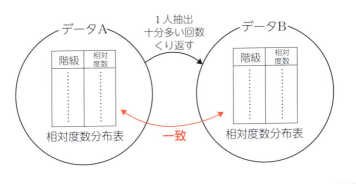

もとのデータとくり返し抽出データの関係

データAから無作為に1つの値を選んで、その階級を記録するという作業を十分多くの回数だけくり返してデータBを作ると、

データBの相対度数分布表、平均、標準偏差は、
データAの相対度数分布表、平均、標準偏差と一致する。

という事実を確認しました。

この事実を推測統計に用いるには、データAを母集団とします。すると、上のまとめより、母集団から十分多くの回数抽出をくり返して作ったデータ（これもデータBということにします）の相対度数分布表、平均、標準偏差は、母集団の相対度数分布表、平均、標準偏差に一致します。

標本のサイズが大きいときは、標本をデータBと見なすことができます。すなわち、データAを母集団、データBを標本と見なしてよいのです。

　標本のサイズが大きいとき、標本の相対度数分布表、平均、標準偏差は、母集団の相対度数分布表、平均、標準偏差にほぼ一致します。

　上の「もとのデータとくり返し抽出データの関係」のまとめを母集団、標本という用語で書き換えると、

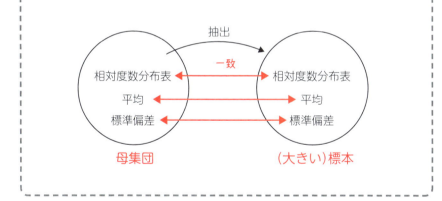

母集団と標本の関係

　母集団から標本を取るとき、標本のサイズが大きければ、

　　標本の相対度数分布表、平均、標準偏差は、

　　母集団の相対度数分布表、平均、標準偏差に一致する。

となります。次の節の検定ではこのことを用います。また、§2では、

> ### 「□人平均データ」の平均、標準偏差
>
> 　　もとのデータの中から無作為に□人を選んで
> 　　□人の体重の単純平均を計算して記録する。
> という作業を十分多くの回数くり返して「□人平均データ」を作る。
>
> 　このとき、
>
> 　（「□人平均データ」の平均）＝（もとのデータの平均）
>
> 　（「□人平均データ」の標準偏差）＝ $\dfrac{(もとのデータの標準偏差)}{\sqrt{\Box}}$
>
> となる。

というまとめがありました。

　このまとめを推測統計に用いるには、もとのデータを母集団とします。

　母集団から「□人平均データ」を作ると、

　　　「□人平均データ」の平均は、母集団の平均に一致し、

　　　「□人平均データ」の標準偏差は、

　　　母集団の標準偏差を $\sqrt{\Box}$ で割ったものに一致

します。つまり、母集団から「□人平均データ」の平均、標準偏差が分かります。母集団から「□人平均データ」のヒストグラムが分かると考えればよいでしょう。

　母集団から抽出した標本が□人であった場合、「□人平均データ」のヒストグラム（平均、標準偏差）から、その標本が起こりうる確率を求めることができます。標本の平均を計算して、それをヒストグラムと照らし合わせればよいのです。この確率を用いて推測統計の判断をするのです。

　母集団の平均を**母平均**、母集団の分散を**母分散**、母集団の標準偏差を**母標準偏差**といいます。標本の平均を**標本平均**、といいます。この用語を用いると、

「標本平均データ」の平均、標準偏差

　母集団から標本をくり返し復元抽出し、標本平均を記録して「標本平均データ」を作る。

$$（\text{「標本平均データ」の平均}）=（\text{母集団の平均}）$$

（標本の単純平均／データの平均）

$$（\text{「標本平均データ」の標準偏差}）=\frac{（\text{母集団の標準偏差}）}{\sqrt{（\text{標本のサイズ}）}}$$

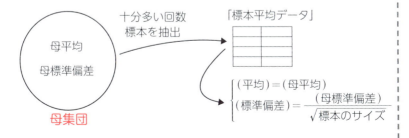

とまとまります。

　言葉でのまとめなので実感が湧かなかったかもしれませんが、§5では実例が出てきます。そこまで進んでからまた読み返すとよく分かると思います。

　また、前節の最後では、

> **中心極限定理**
>
> 　「□人平均データ」のヒストグラムは、□に入る数が大きければ大きいほど、正規分布に近づく。

という定理を紹介しました。

　「□人平均データ」を、「標本平均データ」であると見なすと、推測統計の現場では次のような中心極限定理の使い方ができることになります。

> **中心極限定理の使い方**
>
> 　標本のサイズが大きいとき、「標本平均データ」のヒストグラム（十分多くの回数標本を取って、標本平均の値をまとめたもの）は正規分布で近似できる。

　サイズが大きいというのはあいまいですね。統計学では、母集団がそれほど歪んでない限り標本サイズが30以上であれば正規分布で近似してよいとされています。

162　SECTION 3　推測統計の枠組みを知ろう

SECTION 4

これが検定だ

推測統計！

　この節からいよいよ実際の推測統計を学んでいきます。推測統計には標本からおよその値を求める**推定**と、標本から母集団の特徴について判定する**検定**があります。この本では検定の方から先に説明します。

　物語風に検定の考え方の基本を解説してみましょう。
　あなたが香港の縁日を歩いていたら、次のような店を開いている人がいました。

　　「コイン投げ　当てたら$100進呈。1回$10」

　つまり、1回$10を払って店主が投げたコインの表裏を当てるのです。その表裏を当てれば$100もらえるという仕掛けです。
　参加者は1回につき1人ずつです。傍から見ていたら、参加者は6人連続で負けていました。あなたは思いました。

　　「公正なコイン投げであれば、
　　　6人連続で参加者が負けるなんてありえない。
　　　きっと、いかさまが行なわれているんだろう。」

　こう思うことができれば、もうあなたは立派に検定の論法を身に付けているといえます。検定で用いている論法は、

ある仮定（前提）のもとで、

　ありえそうもないことが起こったとき、

　その仮定（前提）を疑う

という論法なのです。どうでしょうか。この程度の論法なら、みなさん
も生活の中で、きっと自然に身に付けていることと思います。

　この例に沿って、少し統計学の用語も紹介しておきます。

　コイン投げのときの「ある仮定（前提）」とは、コイン投げが公正に
行なわれているということです。このような仮定を、検定では帰無仮説
と呼びます。あとで否定されて、無に帰することが期待されている仮定
だからです。

　「ありえそうもないこと」というのは、数学的には「起こる確率が低
いこと」と言い換えられます。検定では「ありえそうもない」という確
率を5%に設定することが多いようです。検定を用いる場面によって
は、この確率を調節しなければなりませんが、この本では一律5%に設
定しました。この5%のことを有意水準といいます。

　「その仮定（前提）を疑う」ことを、統計学では「棄却する」といい
ます。

　検定で用いる論法を、統計学の用語でまとめると、

　　帰無仮説のもとで、

　　確率5%以下のことが起こったとき、

　　帰無仮説を棄却する

ということになります。

　上の例では、6回連続で参加者が表裏を外しています。1回あたり表
裏を外す確率が2分の1であるとすると、6回連続で表裏を外す確率は

164　SECTION 4　これが検定だ

約2%であることが計算によって分かります。

　検定の論法にしたがって、上の推論をまとめると、

　　　公正なコイン投げ（当たる確率2分の1）の場合　（帰無仮説）

　　　6回連続で外す確率は低い（約2%）ので、　（5%以下のことが起こっている）

　　　公正なコイン投げではない　（帰無仮説を棄却）

となります。

　もう少し具体的な問題で、検定の基本的な考え方を深めていきましょう。

問題29　A君は野球のリトルリーグに入っています。A君は、

「リトルリーグの選手たちのソフトボール投げの平均記録は

　45.0 m だぜ」

と自慢しています。しかし、当のA君のソフトボール投げの記録は 31 m なので、クラスのみんなはA君が平均記録を多めに言っているのではないかと怪しんでいます。

　さて、A君の発言をどう捉えたらよいでしょうか。ただし、リトルリーグの選手たちのソフトボール投げの標準偏差は 7.0 m であることが分かっているものとします。

　リトルリーグの選手たちのソフトボール投げの記録に関してヒストグラムがまとめられているとします。しかし、どういう形で近似すればよいか分かりません。こういうときは、データのヒストグラムはきっと正規分布で近似できるであろうと考えます。

　正規分布で近似しましょう。すると、次ページの図のようになります。

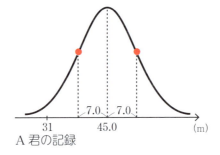
A君の記録

A君の記録は平均からずいぶん離れたところにありますね。

A君の記録が正規分布の目盛りではいくつに当たるのかを計算してみましょう。

A君の偏差、すなわちA君の記録と平均との差は、45.0－31＝14（m）です。

これは標準偏差の14÷7.0＝2.0（倍）ですから、正規分布の目盛りでは2.0になります。

ここで、下図の網目部の面積を求めてみます。

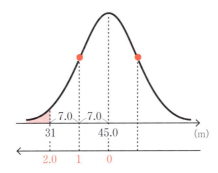

標準正規分布表のたて2.0、よこ0に対応する値を読むと0.4772ですから、網目部の面積は0.5－0.4772＝0.0228（→ 0.023）です。

つまり、A君の主張が正しいとすると、A君のようにソフトボール投げの記録が31m以下の人たちは、リトルリーグのたった2.3％ということです。これは、リトルリーグに入っている人の中から誰かひとり選び

出し、彼のソフトボール投げの記録を聞いたとき、31 m 以下になる確率は 2.3% であるということです。

ある仮定（前提）のもとで、 （帰無仮説）

ありえそうもないことが起こったとき、 （確率 5%以下のことが起こった）

その仮定（前提）を疑う （帰無仮説を棄却）

というのが検定の基本的な論法でした。

　この問題の例でいえば、

ソフトボール投げの平均は 45.0 m

っていうけど本当にそうなの？　と疑うわけです。

　既出の用語もありますが、前より詳しく検定について統計学の用語を確認していきましょう。

　はじめの前提となる主張、この例では

「ソフトボール投げの平均が 45.0 m である」

を帰無仮説と呼びます。帰無仮説を H_0 という記号を用いて表すことがあります。H は、英語の Hypothesis（仮説）の頭文字です。

　そして、帰無仮説を否定した主張、この例では

「ソフトボール投げの平均が 45.0 m より小さい」

を対立仮説と呼びます。こちらは H_1 という記号を用いることがあります。

　帰無仮説のもと、5% 未満でしか起こらないことが起こったとき、帰無仮説は疑われて、対立仮説の主張の方が正しそうだなということになります。

　このような判断を、統計学では

帰無仮説を棄却し、対立仮説を採択する

と表現します。この例では、

> 「ソフトボール投げの平均が45.0ｍである」という主張を棄却し、
> 「ソフトボール投げの平均が45.0ｍより小さい」という主張を採択

するわけです。しかし、5％未満でしか起こらないことがたまたま起こっただけかもしれないので、「採択する」といっても対立仮説が断言できるわけではありません。

　そこで、統計学では、この事情まで含めて、「有意水準5％で、対立仮説の主張が正しい」、すなわち、

> 「有意水準5％で、
> 　　　『ソフトボール投げの記録の平均が45.0ｍより小さい』
> 　といえる」

と表現します。

　ところで、上の例でもしＡ君の記録が35ｍであった場合には、Ａ君の発言をどう捉えたらよいでしょうか。

　計算してみると、平均が45.0ｍのとき、35ｍ以下の人は全体の7.6％になります。5％未満でしか起こらない、なにか特別なことが起きているわけではありません。この場合は、

> 　帰無仮説を受容する

と表現します。しかし、ごくありふれたことが起きているだけですから、帰無仮説を強く主張する根拠にはなりえません。この場合、受容とは甘んじて受け入れるというニュアンスを持っています。英語では「accept」です。

検定のとき、結論付けたいことは対立仮説の方なのです。帰無仮説が棄却されれば対立仮説を強く主張できますが、帰無仮説が受容されたとしても帰無仮説を強く主張することはできません。帰無仮説は、後に「無に帰する」ことが期待されている仮説なのです。

　なお、「帰無仮説を受容する」という表現の代わりに、「帰無仮説を採択する」という表現も多く使われています。「採択」という表現を使う場合でも、上のような「受容」の意味するところを心得ながら使わなければなりません。

　上の問題を解くとき、正規分布の目盛りの2.0のときを標準正規分布表で調べました。しかし、検定では31mが5％の確率で起こる領域に入っているのかいないのかを問題にするので、正規分布の数直線上で、左側の面積が0.05（5％）になるところを求めておけばよいのではないでしょうか。

　そこで、標準正規分布表の中で0.45（＝0.5－0.05）に近い値を探すと、1.64となっていますから、正規分布の数直線上で1.64のとき、その左側の網目部の面積が0.05になります。

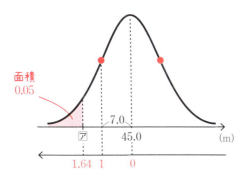

　正規分布の数直線上で1.64となるとき、ヒストグラムの数直線の[ア]

の目盛りは、

$$\boxed{ア} = \underset{(平均)}{45.0} - \underset{(標準偏差)}{7.0} \times 1.64 = 33.52 \rightarrow \underset{(小数第2位で四捨五入)}{33.5} \text{（m）}$$

です。有意水準5%での検定では、この33.5を境に帰無仮説を棄却するか受容するかが決まります。

> A君の記録が33.5m以下のときは、帰無仮説を棄却、対立仮説を採択
>
> A君の記録が33.5m以上のときは、帰無仮説を受容

となります。33.5m以下を有意水準5%の**棄却域**といいます。棄却域でない範囲を受容域（採択域）といいます。この場合の受容域は33.5m以上です。33.5は、「33.5以上」にも「33.5以下」にも含まれますが、それほどナーバスにならなくてもよいでしょう。

　上の例から分かるように、有意水準5%の棄却域の端は、

(平均) − (標準偏差) × 1.64

と計算します。1.64という数字は覚えておくとよいでしょう。

　この設定では平均が45.0mよりも低い値ではないかという疑いがあったので、棄却域を下側に取りました。しかし、設定によっては棄却域を上側に取ることも考えられます。

　例えば、

> 「私のクラスは遅刻する人は少ないのよ。
> 遅刻の回数は1年で平均7.0回」

と発言している本人の遅刻の回数が11回のときはどうでしょうか。この場合は、実際にはクラスの遅刻の平均回数が7.0回よりも大きいので

はないかと疑いますから、棄却域を上側にとって、

（平均）＋（標準偏差）×1.64

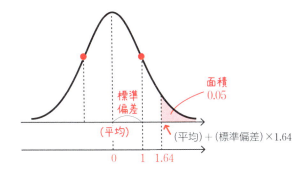

とすればよいでしょう。もしも標準偏差が2.0回であれば、棄却域は、

7.0＋2.0×1.64＝10.28　→　10.3（回）（小数第2位で四捨五入）

以上ということになります。11回は棄却域の中に入りますから、クラスの平均が7回という帰無仮説は棄却され、有意水準5％でクラスの平均は7よりも多いということが主張できます。

　また、棄却域を大きい方と小さい方、両方に取る場合も考えられます。例えば、

「この工場で作るもの干し竿はぴったり250cmなんだ」

という場合です。もの干し竿は長すぎてもいけませんし、短すぎてもいけません。有意水準5％にしたいときには、5％を半分ずつ、大きい方に2.5％、小さい方に2.5％取ることになります。

　標準正規分布表の中で0.475（＝0.5－0.025）に近い値を探すと、1.96となっていますから、棄却域は

（平均）－（標準偏差）×1.96 以下　　（平均）＋（標準偏差）×1.96 以上

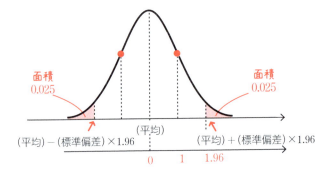

となります。工場で作るもの干し竿の長さの標準偏差が 2 cm であれば、棄却域は

$$250 - 2 \times 1.96 \text{以下} \qquad 250 + 2 \times 1.96 \text{以上}$$

になります。

このように、棄却域を振り分けて取る検定を**両側検定**、
大きい方、小さい方のいずれか
一方に棄却域を取る検定を**片側検定**

といいます。

復習問題の前に検定の流れをまとめておきましょう。

> **検定の手順**
> **ステップ1** 疑うべき事実を帰無仮説 H_0、
> 主張したいことを対立仮説 H_1 とする
> **ステップ2** 帰無仮説 H_0 のもとで、棄却域を求める。
> **ステップ3** 得られたデータの値が、棄却域に入るかどうか調べる。
> 棄却域に入る → 帰無仮説 H_0 を棄却、
>   対立仮説 H_1 を採択
> 棄却域に入らない → 帰無仮説 H_0 を受容

復習問題では用語を使う練習もしてみましょう。

> **復習問題 8** Ｂさんはバレーボールのリトルリーグに入っています。Ｂさんは、
>
> 「リトルリーグの選手たちの垂直飛びの平均は 47.0 cm よ」
>
> と自慢しています。
>
> しかし、Ｂさん本人は垂直飛びの記録が 35.0 cm なので、クラスのみんなはＢさんが平均を多めに言っているのではないかと怪しんでいます。そこで、Ｂさんの主張を検定してみることにしました。
>
> （1） 帰無仮説、対立仮説を述べてください。
> （2） 垂直飛びの標準偏差が 6.0 cm であることが分かっています。有意水準 5％ で片側検定したときの結果を述べてください。

（1） 「垂直飛びの平均が 47.0 cm」というＢさんの主張を覆したいわけです。

帰無仮説 H_0：⬚　ア　⬚
対立仮説 H_1：⬚　イ　⬚

（2） 棄却域を計算してみましょう。下側で検定しますから、

（平均）－（標準偏差）× 1.64

$=$ ⬚ウ⬚ $-$ ⬚エ⬚ $\times 1.64 =$ ⬚　⬚ $\rightarrow$ ⬚オ⬚ (cm)　（小数第2位で四捨五入）

と計算できます。棄却域は、⬚オ⬚ cm 以下です。

第③章

推測統計

173

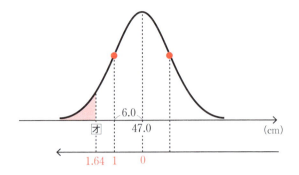

Bさんの記録35.0cmは、棄却域の中に入っていますから、帰無仮説H_0は棄却され、対立仮説H_1が採択されます。

すなわち、

| カ |

ということがいえます。

解答

- ア 垂直飛びの平均は47.0cm
- イ 垂直飛びの平均は47.0cmより小さい
- ウ 47.0   エ 6.0   オ 37.2
- カ 有意水準5％で「垂直飛びの平均は47.0cmより小さい」

Column 11　検定の結果が間違うとき

　検定では帰無仮説を棄却したときでも、「有意水準5%で〇〇である」という主張が得られるだけですから、対立仮説が本当に正しいかどうかは断定できません。「〇〇である」の部分が事実とは違っている場合もありえます。検定が間違う場合には2つのパターンがあります。

　帰無仮説H_0が正しいとします。

　この場合でも、得られたデータは5%の確率で棄却域に入ります。データが棄却域に入れば、帰無仮説H_0を棄却し、対立仮説H_1を採択することになります。検定は事実と異なった判断をしたことになります。このように帰無仮説H_0が正しいにもかかわらず、帰無仮説H_0を棄却し、対立仮説H_1を採択する間違いを第1種の誤りといいます。有意水準と同じ確率で、検定は第1種の誤りをおかします。ですから、有意水準のことを危険率ということもあります。

　一方、対立仮説H_1が正しいとします。

　このとき、得られたデータが棄却域に入らなければ、帰無仮説H_0は受容されることになります。この場合も、検定は事実を捉えきれなかったということになります。このように対立仮説H_1が正しいのに帰無仮説H_0を棄却できなかった間違いを第2種の誤りといいます。

	棄却域に入らない	棄却域に入る
H_0 帰無仮説が正しい	○	第1種の誤り
H_1 対立仮説が正しい	第2種の誤り	○

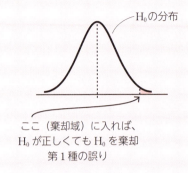
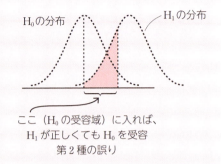

ここ（棄却域）に入れば、
H_0 が正しくても H_0 を棄却
第1種の誤り

ここ（H_0 の受容域）に入れば、
H_1 が正しくても H_0 を受容
第2種の誤り

　第1種の誤りを「あわて者の誤り」、第2種の誤りを「ぼんやり者の誤り」ともいいます。

　ある工場の生産ラインで異常を見つける検定を行なっているときのことを考えてみましょう。

　製品を検査し、測定値がある適正な範囲に入るようであれば異常なし、適正な範囲から外れた場合にはラインに異常ありと判断します。

　第1種の誤りとは、ラインが正常であるにもかかわらず、製品の測定結果が適正な範囲を外れていたので、ラインが異常であると「あわてて」判断した誤りに相当します。

　第2種の誤りとは、ラインが異常であるにもかかわらず、製品の測定結果が適正な範囲にあったので、ラインが正常であると判断した誤りに相当します。異常を「ぼんやり」と見過ごしてしまったというわけです。

　生産ラインの例でいうと、第1種の誤り（あわて者の誤り）は、適正な製品であるのに生産者に製品を廃棄させることになるので、生産者のリスクであるといえます。

　一方、第2種の誤り（ぼんやり者の誤り）は、不適正な製品を出荷することで、消費者が不適正な製品を購入することになってしまうので、消費者のリスクであるといえます。

SECTION 5

推測統計！

標本が大きい場合に検定しよう

前の節では、検定の原理を説明するために1人のデータから検定をしましたが、実際には1人のデータで検定をすることはありません。1人のデータからでは、確率的なバラツキが結論に大きく影響してしまうからです。十分なデータが集まっていない段階での検定は避けるべきでしょう。標本のデータの大きさが次の問題くらいになれば、信頼に足る検定をすることができます。

> **問題 30** A市のある小学校の6年生男子49人について身長のデータを取りました。平均は154.0cm、標準偏差は6.0cmでした。このとき、A市の小学6年生男子全体の平均身長が156.0cmであるか否か、有意水準5%で片側検定してください。

前の節の問題との違いを明確にしておきましょう。

問題29、復習問題8では、1人のデータしか分かっていませんでした（Aさんのソフトボール投げ、Bさんの垂直跳びの記録）。この問題では49人のデータの平均と標準偏差が分かっています。

この問題の検定では、ある小学校の49人のデータから、A市の小学6年生男子全体の平均を推測判断しようとしています。

A市の小学6年生男子全体（以下、A市の小6男子）が母集団、ある

小学校の6年生男子49人が標本です。この問題は、<u>標本のデータ（49人の平均、標準偏差）から、母平均を検定する問題</u>です。

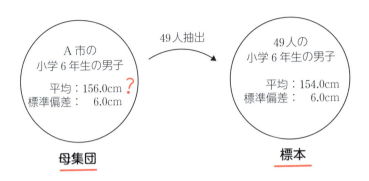

問題を解いていきましょう。

A市の小6男子の身長の平均が156.0cmであることを検定するのですから、帰無仮説と対立仮説は次のようになります。

　　帰無仮説H_0：A市の小6男子の身長の平均は156.0cmである
　　　　　　　母集団
　　対仮説H_1：A市の小6男子の身長の平均は156.0cmより小さい

A市の小6男子の平均身長は156.0cmであるという仮定のもとで、49人の平均身長が154.0cm以下になる確率は5％以下なのかどうなのかをこれから調べましょう。

その確率を計算するためには、「49人平均データ」の分布の様子が分かればよいのです。「49人平均データ」とは、母集団から無作為に49人を取り出し単純平均を記録することを十分に多い回数くり返して得られたデータのことでした。そのようなデータは実際にはありませんが、もしも「49人平均データ」を作ったとすればどのような分布になるでしょうか。「49人平均データ」の平均、標準偏差、分布の形は、「A市の小6男子の身長データ」（母集団）の平均、標準偏差から分かります。

「A市の小6男子の身長データ」から決めていきましょう。A市の小6男子の身長の平均は156.0cmと仮定しました。標準偏差の方はどうしましょうか。A市の小6男子の標準偏差は、標本の49人の標準偏差6.0cmと同じであると考えます。すなわち、標本が大きいときの検定では、母集団の標準偏差（母標準偏差）は、標本の標準偏差と一致するとして論を進めてよいのです。

実は、標準偏差をもう少し手を掛けて計算してから捉える立場もあります。Column 12と同じように計算するのですが、それでもA市の小6男子の標準偏差は6.0cmとほぼ同じ値になります。ですから、このままA市の小6男子の標準偏差は6.0cmであるとして論を進めていきましょう。

A市の小6男子の身長データは、平均が156.0cm、標準偏差が6.0cmのヒストグラムを持つものと仮定します。

では、この仮定のもとで49人の平均身長が154.0cm以下になる確率を求めるにはどうしたらよいでしょうか。

「49人平均データ」の平均、標準偏差を知るには、次のまとめを用います。これは3章 §2の「□人平均データ」のまとめ（p.153）で、「もとのデータ」を「A市の小6男子の身長データ」にして□に49を入れて作った文章です。

「49人平均データ」の平均、標準偏差

A市の小6男子のデータの中から無作為に49人を選んで
49人の身長の単純平均を計算して記録する。

という作業を十分多くの回数くり返して「49人平均データ」を作る。このとき、

（「49人平均データ」の平均）＝（A市の小6男子の平均）

$$（「49人平均データ」の標準偏差）＝\frac{（A市の小6男子の標準偏差）}{\sqrt{49}}$$

となる。

これを用いて、帰無仮説のもとで「49人平均データ」の平均、標準偏差を計算すると、

（「49人平均データ」の平均）＝（A市の小6男子の平均）＝156.0（cm）

$$（「49人平均データ」の標準偏差）＝\frac{（A市の小6男子の標準偏差）}{\sqrt{49}}$$
$$＝\frac{6.0}{\sqrt{49}}＝\frac{6.0}{7}＝0.8571\cdots \rightarrow 0.857（cm）$$

（小数第2位で四捨五入）

「49人平均データ」のヒストグラムは、平均156.0cm、標準偏差0.857cmとなるはずです。

あれ、平均は156.0cmではなくて、154.0cmではないの？　と疑問を持った方もいると思います。実際の49人のデータの平均は154.0cmだからです。

上で求めた156.0cmは「49人平均データ」の平均です。一方、

154.0cmは、標本の49人の平均です。

「49人平均データ」とは、49人の身長の単純平均をくり返し計算して記録するという作業で得られたデータであり、相対度数分布表を持ち、そこからヒストグラムを作ることができます。一方、標本の49人の平均は、母集団から1回取り出したときの値です。

「49人平均データ」の平均が、帰無仮説のもとで156.0cmであると計算できたわけです。

さらに、「49人平均データ」から作るヒストグラムは、中心極限定理により正規分布で近似できます。このヒストグラムをもとに、標本の49人の平均身長が154.0cmになる確率を考えるのです。

検定なので、棄却域を求めて154.0cmと比べます。下側（小さい方）の有意水準5％の棄却域を求めましょう。

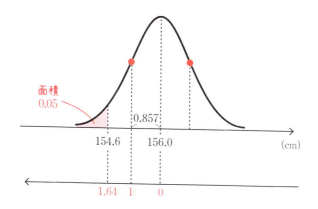

棄却域は、

$$(平均) - (標準偏差) \times 1.64$$

「49人平均データ」「49人平均データ」

$$= 156.0 - 0.857 \times 1.64 = 154.59\cdots \to 154.6$$

（小数第2位で四捨五入）

より、154.6cm以下となります。

実際に得られた標本の平均、ある小学校の6年生男子49人の平均身長は154.0 cmですから棄却域の中に入っています。よって、帰無仮説は棄却され、対立仮説は採択されます。

　結局、

　　　有意水準5％でA市の小学校6年生男子の
　　　平均身長が156.0 cmより小さいことがいえました。

　母平均の検定についてまとめておきましょう。

　棄却域を求める上の式で、「49人平均データ」の平均は、帰無仮説のもとでのA市の小6男子の平均、すなわち帰無仮説のもとでの母平均に一致します。これを「仮定した母平均」と呼ぶことにします。

　また、上の式の「49人平均データ」の標準偏差は、A市の小6男子の標準偏差を$\sqrt{49}$で割ったものです。A市の小6男子の標準偏差は、標本の49人の標準偏差に一致すると見立てましたから、上の式の「49人平均データ」の標準偏差の部分は、

$$\frac{(標本の標準偏差)}{\sqrt{(標本のサイズ)}}$$

を具体的に数値にして計算したものです。

　棄却域の式は、

$$(仮定した母平均) - \frac{(標本の標準偏差)}{\sqrt{(標本のサイズ)}} \times 1.64$$

とまとめられます。

> ### 母平均の検定（標本が大きいとき）
>
> 標本の平均と標準偏差を用いて、母平均が$\boxed{ア}$であるか、$\boxed{ア}$よりも小さいかを、有意水準5%で検定（片側検定）する。
>
> **ステップ1**　帰無仮説 H_0、対立仮説 H_1 を立てる。
>
> 帰無仮説 H_0：母平均は$\boxed{ア}$である。　　$\boxed{ア}=$仮定した母平均
>
> 対立仮説 H_1：母平均は$\boxed{ア}$より小さい。
>
> **ステップ2**　帰無仮説 H_0 のもとで棄却域を計算
>
> $$\underset{\substack{（仮定した母平均）}}{\boxed{ア}} - \frac{（標本の標準偏差）}{\sqrt{（標本のサイズ）}} \times \underset{\substack{\uparrow（有意水準5\%、片側検定のときの値）}}{1.64} \quad 以下$$
>
> **ステップ3**　標本の平均が棄却域に入っているかどうか調べる。
>
> 棄却域に入る　→　帰無仮説 H_0 を棄却、対立仮説 H_1 を採択
>
> （有意水準5%で、母平均は$\boxed{ア}$より小さいといえる）
>
> 棄却域に入らない　→　帰無仮説 H_0 を受容

「母平均が$\boxed{ア}$であるか$\boxed{ア}$よりも大きいか」を有意水準5%で検定するときは、上のまとめで「小さい」を「大きい」に、ステップ2の棄却域を求める式で、「＋」を「－」に、「以下」を「以上」にして、

$$\boxed{ア} + \frac{（標本の標準偏差）}{\sqrt{（標本のサイズ）}} \times 1.64 \quad 以上$$

とします。

本節の説明はここまでですが、余裕のある人は、p.180のまとめを一般的に書いたものがp.161のまとめであることを確認しておきましょう。

復習問題 9 Ａ市のある小学校の 6 年生女子 64 人について身長のデータを取りました。平均は 155.0 cm、標準偏差は 9.0 cm でした。このとき、Ａ市の小学 6 年生女子全体の平均身長が 152.0 cm であるか否か、有意水準 5% で片側検定します。

(1) この検定での母集団、標本は何ですか。

(2) 帰無仮説、対立仮説を述べてください。

(3) 検定の結果を述べてください。

(1) 母集団は、 | ア |

標本は、 | イ |

(2) 帰無仮説 H_0、対立仮説 H_1 は次のようになります。

帰無仮説 H_0： | ウ |

対立仮説 H_1： | エ |

(3) Ａ市の小学 6 年生女子全体の平均身長を 152.0 cm と仮定します。

Ａ市の小学 6 年生女子全体の標準偏差は、64 人の標準偏差と同じで 9.0 cm であると仮定します。

このとき、Ａ市の小学 6 年生女子の中から作った、身長に関する「64人平均データ」のヒストグラムは、

平均 $\boxed{オ}$ cm 標準偏差 $\boxed{カ}$ cm

になります。

これを正規分布で近似して、上側（大きい方）の有意水準 5% の棄却域を計算すると、

$$\underset{\text{「64人平均データ」}}{(\text{平均})} + \underset{\text{「64人平均データ」}}{(\text{標準偏差})} \times 1.64$$

$$\left[=(仮定した母平均)+\frac{(標本の標準偏差)}{\sqrt{(標本のサイズ)}}\times 1.64\right]$$

$$=\boxed{オ}+\boxed{カ}\times 1.64=\boxed{}\to\boxed{キ}\text{(cm)} \quad \text{(小数第2位で四捨五入)}$$

となりますから、有意水準5%の棄却域は キ cm以上となります。

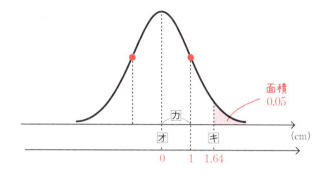

ある小学校の6年生女子64人の平均身長は155.0cmですから、棄却域の中に入っています。よって、帰無仮説は ク され、対立仮説が ケ されます。結局、

    コ

ことがいえました。

解答

- ア A市の小学6年生女子全体
- イ A市のある小学校の6年生女子64人
- ウ A市の小学6年生女子全体の平均身長は152.0cmである
- エ A市の小学6年生女子全体の平均身長は152.0cmより大きい
- オ 152.0   カ $\dfrac{9.0}{\sqrt{64}}=\dfrac{9.0}{8}=1.125\fallingdotseq 1.13$ キ 153.9
- ク 棄却   ケ 採択   コ 有意水準5%でA市の小学校6年生女子全体の平均身長は152.0cmより大きい

Column 12　標本が小さい場合に検定しよう

　前の節では標本が大きい場合の母平均の検定について説明しました。このColumnでは標本が小さい場合の母平均の検定について説明しましょう。

　"大きい"、"小さい"というままではあいまいですね。しっかり線引きをしましょう。標本のサイズが30以上を"大きい標本"、30未満を"小さい標本"ということにします。

　標本のサイズが大きいときには、「○人平均データ」のヒストグラムを正規分布で近似することができました。しかし、標本のサイズが小さいときは、中心極限定理を用いることができず、ヒストグラムを正規分布で近似することができません。無理に用いると誤差が大きくなってしまうのです。

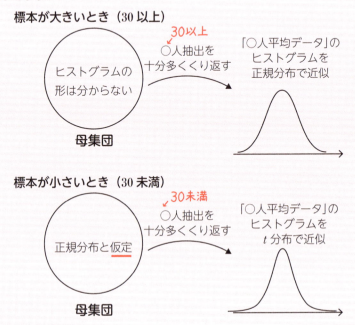

そこで、標本のサイズが小さいときは、まず母集団のヒストグラムが正規分布によって近似できることを仮定します。その上で、確率を求めるとき、正規分布の代わりに、正規分布を補正したt分布と呼ばれる分布を用います。すると、誤差を少なくして検定をすることが可能となります。t分布を用いる検定を**t検定**といいます。

　t分布は**自由度**と呼ばれる整数ごとにその形が決まっています。正規分布の上に合わせて描くと、下図のようになります。曲線部は正規分布と似たような釣り鐘型ですが、正規分布の方が少し尖っています。

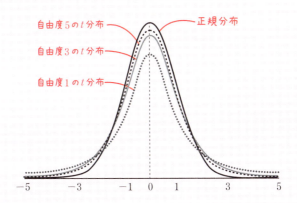

　t分布は自由度が大きくなるにつれて、正規分布に近づいていきます。30以上ではほぼ正規分布と見なして構いません。

　本書の構成と読み方のところでも書きましたが、このColumnは本筋とは少し外れたところにあると位置づけました。標本が大きい場合の検定が理解できれば初学者としては十分であると考えているからです。それでも敢えて記述するのは、t検定とは2つの母集団の母平均の差の検定のことであると勘違いしている人が多くいるからです。t検定は、正規分布の代わりにt分布を用いる検定のことであって、差の検定のことではないことを確認して欲しかったからです。

「〇人平均データ」のヒストグラムを正規分布で近似するとき（標本のサイズが大きいとき）、有意水準5%のときの棄却域（上側で片側検定）を求めるには、

(平均) ＋ (標準偏差) ×1.64
(〇人平均データ)　(〇人平均データ)

と計算しました。「〇人平均データ」のヒストグラムを t 分布で近似するときは、t 分布の自由度ごとに 1.64 のところの値が変わっていきます。

t 分布の曲線とよこ軸で挟まれた部分の面積を 1 とすると、網目部の面積が 0.05 になるときの数直線の目盛りの値は t 分布の表から求めることができます。

例えば、自由度9のときであれば、

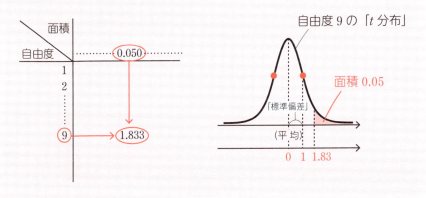

【t 分布の表】

となりますから、目盛りは 1.83（小数第3位を四捨五入）になります。1.83 を自由度9の t 分布の**上側5%点**といいます。t 分布の表では、自由度と上側の網目部の面積に対して、網目部の左端の目盛りが分かりま

す。標準正規分布表とは仕組みが異なるので注意しましょう。ですから、自由度 9 の t 分布を用いるときの棄却域は、

　　　（平均）＋（「標準偏差」）×1.83以上

となります。

　このように大まかな流れは標本のサイズが大きいときと同じですが、標本のサイズが小さいときは、さらに標準偏差のところでもう一工夫必要です。4行前の標準偏差に「　」を付けたのには意味があるのです。このあとは実際の問題で説明していきましょう。

> **問題31**　A 小学校の小学 5 年生の男子 10 人が握力を測定したところ、以下のような結果になりました。
>
> 　　　15、26、24、24、20、24、20、21、24、12（kg）
>
> この中の一人が、
>
> 　「全国の小学 5 年生男子の握力の平均って 17.0 kg らしいよ。」
>
> と言いました。この発言を有意水準 5％ で検定してください。

> 正確には、力の単位は kg 重あるいは kgf ですが、ここでは kg で表すことにします。

　母集団は全国の小学 5 年生、それに対して標本は A 小学校の小学 5 年生の男子 10 人です。10 は 30 より小さいので、標本のサイズが小さい場合に当たります。

　はじめに 10 人のデータ（標本）について、平均と分散・標準偏差を計算しておきましょう。

　標本の平均は、

　　　（15＋26＋24＋24＋20＋24＋20＋21＋24＋12）÷10＝21.0（kg）

標本の分散を計算するために偏差を求めておきましょう。

データ	15	26	24	24	20	24	20	21	24	12
偏差	6	5	3	3	1	3	1	0	3	9

偏差の2乗和は

$$6^2+5^2+3^2+3^2+1^2+3^2+1^2+0^2+3^2+9^2$$
$$=36+25+9+9+1+9+1+0+9+81=180$$

標本の分散は、偏差の2乗平均ですから、これを標本のサイズで割って、

$$180\div 10=18.0$$

となります。

標本の分散を一度に計算するには、

$$(6^2+5^2+3^2+3^2+1^2+3^2+1^2+0^2+3^2+9^2)\div 10=18.0$$

となります。

標本の標準偏差は、標本の分散のルートを考えて、

$$\sqrt{18.0}\quad (\text{kg})$$

となります。標本の平均と標準偏差は、

平均　21.0　(kg)　　標準偏差　$\sqrt{18.0}$　(kg)

と分かりました。

さて、検定を始めることにします。

まず、帰無仮説、対立仮説を確認しましょう。

全国の小学5年生の握力の平均が17.0kgであることを検定するので、

帰無仮説 H_0：全国の小学 5 年生の握力の平均が 17.0 kg である

　　　対立仮説 H_1：全国の小学 5 年生の握力の平均が 17.0 kg より大きい

となります。

　全国の小学5年生の握力の分布（母集団の分布）を仮定しましょう。

　帰無仮説より、平均は 17.0 kg であるとします。標本のサイズが大きいときは、母集団の標準偏差は、標本の標準偏差に等しいとしました。標本のサイズが小さいときは、標本の標準偏差をそのまま用いてはいけません。

　まず、標本の分散は偏差の2乗和 180 を標本のサイズ 10 で割りましたが、標本のサイズが小さいときは、標本のサイズ 10 より 1 小さい 9 で割って分散を算出します。

$$180 \div (10-1) = 20.0$$

　こうして計算した分散を、**不偏分散**と呼びます。ここが標準偏差にひとひねりあると予告したところです。この不偏分散のルートを取って標準偏差を計算するのです。普通の分散から計算した標準偏差とは異なるので「　」を付けておきましょう

　これを用いて、全国の小学5年生（母集団）の握力の平均、散らばり具合は、

　　　平均 17.0 kg　　　「標準偏差」$\sqrt{20.0}$ kg
　　　仮定した母平均

であるとします。さらに全国の小学 5 年生の握力のデータから作るヒストグラムの形が正規分布であるとします。§5 の標本が大きい場合では母集団が正規分布に従うことを仮定してはいませんでした。それでも中

心極限定理により標本は正規分布で近似できるからです。しかし、標本が小さい場合には母集団が正規分布であることを仮定しなければならないのです。

次に、ここから抽出したサイズ10の標本、つまり、10人の平均握力が21.0kgになる確率が5%より大きいかどうか見積もりましょう。確率を求めるためには、全国の小学5年生の握力のデータから作る「10人平均データ」のヒストグラムを用います。

3章§3（p.160）のように、「10人平均データ」の平均、標準偏差は、平均の方はもとのデータのまま、標準偏差の方はもとのデータを標本のサイズのルートで割ればよいので、「10人平均データ」の平均、散らばり具合は、

$$平均 17.0\,\mathrm{kg}、『標準偏差』\ \frac{\sqrt{20.0}}{\sqrt{10}}$$

です。

さらに、標本のサイズが小さいときは、正規分布の代わりにそれを補正したt分布を用いるのでした。このヒストグラムをt分布で近似するのです。この場合、自由度9のt分布を用います。この9も、標本のサイズ10より1だけ小さい数です。

このように標本のサイズが小さいときは、標本のサイズよりも1だけ小さい数がキーナンバーになるのです。

自由度9のt分布を用いたときの有意水準5%の上側の棄却域は、

（平均）　＋　（『標準偏差』）× 1.83
（10人平均データ）　（10人平均データ）

$$= 17.0 + \frac{\sqrt{20.0}}{\sqrt{10}} \times 1.83 = 19.58\cdots \ \rightarrow \ 19.6$$

（小数第2位を四捨五入）

より、19.6以上となります。

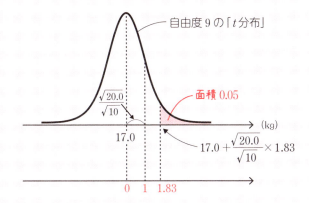

A小学校の小学5年男子（標本）の平均は21.0kgですから、この棄却域に入っています。よって、帰無仮説は棄却され、対立仮説は採択されます。つまり、

有意水準5%で、全国の小学5年生の握力の平均が17.0kgより大きいということがいえました。

標本のサイズが小さいときの母平均の検定に関する棄却域の求め方について、3章§5（p.183）と異なるところを強調しておきましょう。

棄却域を公式化しておきましょう。

「10人平均データ」の平均は、帰無仮説で仮定した母平均に等しく、「10人平均データ」の『標準偏差』は、

$$\frac{(不偏分散から計算した「標準偏差」)}{\sqrt{(標本のサイズ)}}$$

と計算しましたから、自由度9のt分布を用いたときの有意水準5%の上側の棄却域は、

$$(\text{平均}) + (\text{『標準偏差』}) \times 1.83$$
$$\underset{\text{10人平均データ}}{} \quad \underset{\text{10人平均データ}}{}$$

$$=(\text{仮定した母平均})+\frac{(\text{不偏分散から計算した「標準偏差」})}{\sqrt{(\text{標本のサイズ})}} \times 1.83$$

となります。

母平均の検定（標本が小さいとき、t検定）

ステップ1　標本について、平均、

不偏分散「偏差の2乗和 ÷（標本のサイズ−1）」を求める

不偏分散から「標準偏差」を求める

ステップ2　「（標本のサイズ）−1」の自由度のt分布の表で、網目部が5%になるところの目盛りを読む。この目盛りを☑とする

ステップ3　有意水準5%の上側の棄却域は、

$$(\text{仮定した母平均})+\frac{(\text{不偏分散から計算した「標準偏差」})}{\sqrt{(\text{標本のサイズ})}} \times ☑ \quad \text{以上}$$

標本の平均が棄却域に入るかどうか調べる

　さて、ここで他の本も並行して読む方のために少し補足しておきます。これから復習問題の手前までの補足は少しややこしいので、そのまま復習問題に進んで構いません。

　この本では、不偏分散から計算した「標準偏差」を母集団の標準偏差に見立てましたが、ここのところで他の流儀があるので紹介しておきます。

母集団の標準偏差を、標本が大きいときと同じように、標本の分散（普通の）から計算した標準偏差で見積もる方法です。

　この場合は、「10人平均データ」の標準偏差を求めるときに、母集団の標準偏差を$\sqrt{（標本のサイズ）}$で割る代わりに、$\sqrt{（標本のサイズ）-1}$で割るのです。

　上の問題でいえば、普通の分散は$18.0\,\mathrm{kg}$、これから計算した標準偏差は$\sqrt{18.0}\,\mathrm{kg}$です。これを母集団の標準偏差と見積もります。そのうえで、「10人平均データ」の「標準偏差」を求めるのに

$$\sqrt{（標本のサイズ）-1} = \sqrt{10-1} = \sqrt{9} = 3$$

で割るのです。つまり、

$$「10人平均データ」の『標準偏差』 = \frac{\sqrt{18.0}}{3}$$

となります。誤差を少なくするために、（標本のサイズ）-1という数字はどこかで使わなければならないのですが、最後の「10人平均データ」の「標準偏差」を算出するところで使うわけです。

　標準偏差の求め方の流儀によって異なる結果が得られるのではないかと心配する人もいるかもしれませんが、求め方は異なっても値は同じになりますから大丈夫です。

$$\frac{\sqrt{20.0}}{\sqrt{10}} = \frac{\sqrt{18.0}}{3}$$

が成り立ちます。一般に、

$$\frac{（不偏分散から計算した「標準偏差」）}{\sqrt{（標本のサイズ）}} = \frac{（普通の分散から計算した標準偏差）}{\sqrt{（標本のサイズ）-1}}$$

が成り立つことが保証されています。

標準偏差や「標準偏差」、『標準偏差』が出てきてややこしかったです
ね。でも、計算の仕方は分かっていただけたと思います。ここでは正規
分布を用いる検定の類似としてt検定を扱いましたが、他書では本書よ
りもシステマチックに、

$$\left(\frac{（標本の平均）－（帰無仮説で仮定した母平均の値）}{\dfrac{（不偏分散から計算した「標準偏差」）}{\sqrt{標本のサイズ}}}\right) \quad \cdots\cdots ☆$$

を、t分布の表の値（上では1.83）と比べるという書き方をしているこ
とが多いでしょう。

進んだ本を読む方は留意してください。

復習問題で手順を確認してみましょう。

復習問題 10　A小学校の小学6年生の女子10人が握力を測定
したところ、以下のような結果になりました。

$$25、30、24、27、18、28、24、24、25、15 (\mathrm{kg})$$

この中の一人が、

「全国の小学6年生女子の握力の平均って21.0kgらしいわ。」

と言いました。この発言を有意水準5%で片側検定してください。

標本について平均、分散・標準偏差を求めます。

平均は、

$$(□+□+□+□+□+□+□+□+□+□) ÷ 10 = \boxed{ア} \quad (\mathrm{kg})$$

です。偏差を求めると、

偏差	25	30	24	27	18	28	24	24	25	15

196　Column 12　標本が小さい場合に検定しよう

偏差の2乗和は、

$$\Box^2 + \Box^2 + \Box^2 + \Box^2 + \Box^2 + \Box^2 + \Box^2 + \Box^2 + \Box^2 + \Box^2 = \boxed{イ}$$

不偏分散は、偏差の2乗和を（標本のサイズ-1）で割って、

$$\boxed{イ} \div \boxed{ウ} = \boxed{エ}$$

「標準偏差」は、分散のルートを取り、

$$\sqrt{\boxed{エ}}$$

さて、検定を始めましょう。

帰無仮説、対立仮説は、

帰無仮説H_0：$\boxed{\quad オ \quad}$

対立仮説H_1：$\boxed{\quad カ \quad}$

です。帰無仮説を仮定するとき、全国の小学6年生女子の握力に関するデータについて、

平均　$\boxed{キ}$　　　「標準偏差」　$\boxed{ク}$

と仮定します。全国の小学6年生の握力に関した「10人平均データ」は、

平均　$\boxed{ケ}$　　　『標準偏差』　$\boxed{コ}$

となります。

自由度$\boxed{サ}$のt分布の表を調べて、次の図の網目部の面積が0.05になるときの数直線上の値は$\boxed{シ}$です。

第③章

推測統計

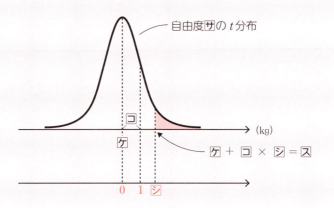

よって、有意水準5%の上側の棄却域は、

(平均) + (『標準偏差』) × シ
10人平均データ　　10人平均データ
= ケ + コ × シ = ス

より、ス kg 以上となります。

これから帰無仮説は セ され、対立仮説が ソ ます。

よって、

　　　　　タ

ことがいえました。

解答

- ア 24.0　　イ 180　　ウ 9　　エ 20.0
- オ 全国の小学6年生女子の握力は21.0kgである
- カ 全国の小学6年生女子の握力は21.0kgより大きい
- キ 21.0　　ク $\sqrt{20.0}$　　ケ 21.0　　コ $\dfrac{\sqrt{20.0}}{\sqrt{10}}$
- サ 9（=10−1）　　シ 1.83　　ス 23.6　　セ 棄却
- ソ 採択　　タ 有意水準5%で全国の小学6年生女子の握力は21.0kgより大きい

SECTION 6

推測統計！

独立性を検定しよう

　コインを投げて表が出る確率は、誰が投げても同じです。男女の差はありません。コインを投げて表が出るということと、男女の区別は無関係です。このようなとき、

　　　　コイン投げの結果と男女の区別は独立である

といいます。

　いま、男性200人、女性300人にコインを投げてもらい、表が出たか裏が出たか記録を取ることにしましょう。コインを投げたとき、表が出る確率と裏が出る確率は等しく2分の1なので、理論的には次のように予想できます。

表1

	表	裏	計
男性	100	100	200
女性	150	150	300
計	250	250	500

　しかし、実際にコイン投げをすれば、ピタリこの表のようになることはないでしょう。この値から少しズレる方がむしろ自然ではないでしょうか。例えば、次の表のようになったとします。

表2

	表	裏	計
男性	95	105	200
女性	162	138	300
計	257	243	500

　500人にもう一度コイン投げをしてもらうとします。すると、また表2の結果とは異なった数値を得るでしょう。

　つまり、表1を理論値とすれば、実際の結果は理論値の付近で散らばり揺らいでいると考えられます。上の表2のような結果は、500人のコイン投げによって起こりうる可能性の1つであるといえます。

　それでは、コイン投げで次の表3のような結果を得ました。といったら、信じられるでしょうか。

表3

	表	裏	計
男性	75	125	200
女性	178	122	300
計	253	247	500

　全体で見ると、表と裏の出る回数はほぼ半々です。しかし、男女別で見ると、

　　　　男性で表が出る割合は、$75 \div 200 = 0.375$　　→　　37.5％

　　　　女性で表が出る割合は、$178 \div 300 = 0.5933\cdots$　　→　　59.3％

となり、20％以上も開きがあります。あまりにもかけ離れてはいないでしょうか。

　もしもコイン投げの表が出る確率が男女で等しいという仮定のもとで、このようなことが起こりうる確率を計算することができれば、男女

でコイン投げの確率が等しいという仮定が妥当なものであるか否かが判断できるでしょう。起こりそうもないことが起きていると判断されれば、コインを投げて表が出る確率が男女で等しいという仮定を疑ってもよいでしょう。すなわち、独立性を検定することができるでしょう。

表3のような結果が起こる確率を計算して、もしもその確率が5%より小さければ、コインを投げて表が出る確率が何らかの事情で男女により異なっていると考えるわけです。

これが独立性の検定の原理です。この例ではコインの表が出る確率を考えましたが、ここを、例えば入試の合格率にすれば男女で合格率が異なっているかが検定できます。入試には男女同学力の人が集まりますから、男女で合格率は同じでなければいけません。しかし、検定結果で男女の合格率が異なっていると判定されれば、その入試では男女で異なる合格基準があるのではないかと考えられます。

独立性の検定では、帰無仮説で独立であることを仮定します。すなわち、

帰無仮定H_0：コイン投げの結果と男女の区別は独立である
対立仮定H_1：コイン投げの結果と男女の区別は独立でない

となります。

上の例では、コイン投げといういかにも確率っぽい状況での男女別の統計を取り上げました。さらに、独立性の検定の原理はもっとよくある男女別のアンケートなどにも応用することができます。

例えば、次の表は、日本人の男女合計500人に

「あなたは犬と猫のどちらが好きですか」

という質問をしたときの結果を表にしたものです。

表4

	犬	猫	計
男性	135	165	300
女性	80	120	200
計	215	285	500

このアンケートによると、

男性では犬好きの割合は、　$135 \div 300 = 0.45$　→　45%

女性では犬好きの割合は、　$80 \div 200 = 0.40$　→　40%

であり、男性の方が犬好き（犬派）の人が多いという結果です。

　アンケートは標本調査であり、すべての日本人について調べたものではありませんから、確率的な誤差はつきものです。

　男性の方が犬派が多いというこのアンケート結果は、本来は男女で犬派猫派の比率が同じであるのにアンケートの確率的な揺らぎによって生じたものであるのか、日本人全体で本当に男性と女性で犬派猫派の比率に差があるのか、どちらであるのか分かりません。そこで、検定によってどちらであるのか判定しようというわけです。

　コイン投げでは表か裏かが確率的に決まりました。このアンケートでも犬派か猫派かが確率的に決まるモデルを作れば検定をすることができます。

　男女合わせて、500人中215人の人が、「犬が好き」と答えています。割合では、

$215 \div 500 = 0.43$　→　43%

202　SECTION 6　独立性を検定しよう

の人が「犬好き」です。

　そこで、日本人は男性も女性も43％が犬派であると仮定するのです。
このとき、日本人に関しては、犬猫の好みと男女の区別は独立になって
います。

　このもとで、日本人の中から男性300人、女性200人を無作為抽出し
て得られたアンケート結果が、**表4**のアンケートの結果であると考えま
す。もう一度500人を選び直してアンケートを取れば、**表4**とは異なっ
たアンケート結果が得られるでしょう。

　「犬猫の好みと男女の区別が独立である（犬派は男女ともに43％）」
という仮定のもとで、**表4**のような結果が起こる確率を計算し、その確
率が5％よりも小さければ、「犬猫の好みと男女の区別が独立である」
という仮定を疑うわけです。

　実際の検定の仕方は、問題を通して解説していきましょう。

問題 32　次の表は、日本人の男女合計500人に

「あなたは犬と猫のどちらが好きですか」

という質問をしたときの答えをまとめたものです。

	犬	猫	計
男性	135	165	300
女性	80	120	200
計	215	285	500

　犬派猫派と男女別は独立であるかどうか、有意水準5％で検定し
てください。

　この検定の帰無仮説、対立仮説を確認しておきます。この検定の帰無
仮説、対立仮説は、

帰無仮説 H_0：犬派猫派と男女別は独立である

対立仮説 H_1：犬派猫派と男女別は独立ではない

となります。

　今までの検定のことを振り返ってみましょう。

　標本のサイズが大きいときの母平均の検定（3章§5）では、実現した値の確率を求めるために、帰無仮説のもとで標本平均から作ったヒストグラム（「〇人平均データ」のヒストグラム）が正規分布で近似できることを用いました。

　標本のサイズが小さいときの母平均の検定（**Column 12**）では、帰無仮説のもとで標本平均から作ったヒストグラム（「〇人平均データ」のヒストグラム）が「t分布」で近似できることを用いました。

　独立性の検定では、帰無仮説のもとで「？」から作ったヒストグラムがどんな分布で近似できることを用いたらよいのでしょうか。

　この「？」にあたる数を検定統計量と呼びます。標本のサイズが大きいときの母平均の検定での検定統計量は標本平均です。標本のサイズが小さいときの母平均の検定での検定統計量も、この本では標本平均です。他書では、p.205の☆を用いていますが数学的には同じことです。

　独立性の検定のとき用いる検定統計量の計算法を紹介しましょう。標本平均に比べてずいぶんと複雑ですが怯まずに参りましょう。

	犬	猫	計
男性	135	165	300
女性	80	120	200
計	215	285	500

	犬	猫	計
男性	ア	イ	ウ
女性	エ	オ	カ
計	キ	ク	ケ

上の右の表は、左の表の数が書かれたところに、アからケまでのカタカナを書いたものです。

検定統計量の計算式をカタカナで表すと、

$$\frac{(ア×オ−イ×エ)^2×ケ}{キ×ク×カ×ウ} \quad \cdots\cdots ※$$

左の表では、アのところに135が書かれているので、上の式でアを135で置き替えます。他のカタカナも同様に置き替えます。すると、次のようになります。

$$\frac{(135×120−165×80)^2×500}{215×285×200×300} \quad \cdots\cdots ☆$$

複雑な式ですからボーっと眺めるだけになってしまいがちです。☆の式を説明しておきます。

表の中の数（ア、イ、エ、オ）を斜めに掛けて差を取り、それを2乗します。それに全体の数（ケ）を掛けて分子にします。

分母では、計の4か所に書かれた数を掛けます。

文字を数字で置き替えたとき、分子のカッコの中の引き算ができない場合があります。例えば、カッコの中が

$$8×9−10×13$$

となっているような場合です。72 から 130 は引けませんね。こういう場合は、$130−72＝58$ というように、72 と 130 の差を取って 2 乗すると考えましょう。

※は一見複雑な式ですが、一度数字を当てはめてみると自分でも作ることができるようになるでしょう。

　この検定統計量から作ったヒストグラムを、自由度1のχ^2分布と呼ばれる分布で近似します。自由度1のχ^2分布を説明する前にヒストグラムの作り方を説明しておきましょう。

　「〇人平均データ」の作り方が分かっている人には、検定統計量で作るヒストグラムの作り方も分かるはずです。一応、説明しておいた方がよいでしょう。

作業

　日本人から男性300人、女性200人を無作為に選んで
　アンケートを取り、その結果から検定統計量を計算し記録する。

　この作業をすると、男性は$300 \times 0.43 = 129$（人）くらい、女性は$200 \times 0.43 = 86$（人）くらいは犬派であると予想されますが、実際の値はこの付近でばらつきます。

　この作業を十分に多い回数くり返して得られたデータの相対度数分布表をもとにしてヒストグラムを作ります。

　このヒストグラムは自由度1のχ^2分布で近似できます。近似できる理由は、説明が高度になるので省きます。

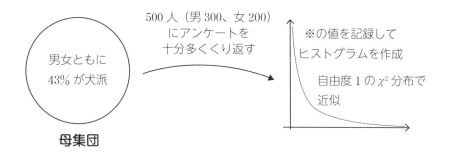

さて、自由度1のχ^2分布を説明しましょう。χ^2はカイ2乗と読みます。

自由度1のχ^2分布は、正規分布から作った分布です。自由度1のχ^2分布と正規分布は以下のような関係があります。

図で、正規分布の数直線の目盛り（ア）に対して、アの2乗を自由度1のχ^2分布の数直線上に取ると、正規分布の網目部の割合（丘の面積を1とする）と自由度1のχ^2分布の網目部の割合（曲線とよこ軸に挟まれた部分の面積を1とする）が一致します。こうなるように作った曲線が自由度1のχ^2分布です。

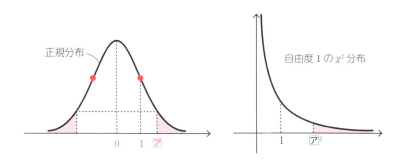

有意水準5％の検定に必要なのは、χ^2分布で網目部の面積の割合が0.05になるときの数直線の値（ウ）です。

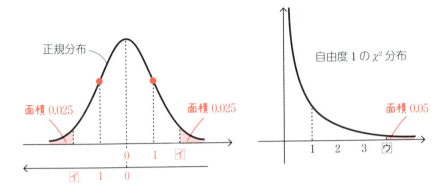

　これは正規分布の両側の網目部の面積がそれぞれ0.025になるときの数直線の値（イ）を2乗すれば求めることができます。

　イの値は標準正規分布表から1.96ですから、ウの値は

$1.96^2 \fallingdotseq 3.84$ となります。この3.84という数は検定のときに用います。

　問題のアンケートの結果は、この帰無仮説のもとで確率的に起こりうる1つの場合であると捉えます。自由度1のχ^2分布で網目部が0.05になるのは、数直線上の値が3.84になるときです。

　「帰無仮説H_0：犬派猫派と男女別は独立である（犬派は男女とも43％）」という仮定のもと、検定統計量から作ったヒストグラムは自由度1のχ^2分布で近似できますから、※の式の値が3.84以上になる確率は5％です。ですからこの検定では、※の式の値が3.84より大きいとき、帰無仮説を棄却して、対立仮説を採択します。

　さて、3ページ前の☆で書いた分数式を計算すると1.22になります。この表の結果では帰無仮説を棄却できない、すなわち受容することになります。つまり、

　　　犬派猫派と男女別は独立ではない（男性の方が犬好き）
　　　とは主張できない

ということになります。

独立性の検定についてまとめておくと、次のようになります。

独立性の検定のまとめ

	B_1	B_2	計
A_1	ア	イ	ウ
A_2	エ	オ	カ
計	キ	ク	ケ

で、$\dfrac{(\boxed{ア}\times\boxed{オ}-\boxed{イ}\times\boxed{エ})^2\times\boxed{ケ}}{\boxed{キ}\times\boxed{ク}\times\boxed{カ}\times\boxed{ウ}}$ を計算して、

3.84 より大きければ、有意水準 5% で A と B は独立でないといえる。

独立性の検定の仕組みと手順が分かったら、A_1、A_2 と B_1、B_2 に当てはまる素材を見つけて検定してみましょう。計算手順が煩雑なのでフォームを用意しました。

【独立性の検定】

数字を入れて遊んでみましょう。

次の復習問題では、男女の別と合格率とが独立であるか否かを判定する問題を扱います。特定の学校の入試には、男女とも同じレベルの受験生が集まると考えられますから、男女で合格率は同じであるはず、すなわち男女の別と合格率は独立であるはずです。

2018年、某医大が入試で女子受験生に不利な点数をつけていたことがニュースになりました。この医大の入試結果を検定したところ、合格率と男女の別が独立でないという結論が得られました。他の大学の入試に

おいても独立性の検定を用いると、不正の可能性があるか判定することができます。

復習問題 11 次の表は、ある入試の男女別の合格者数・不合格者数を表にしたものです。

	合格	不合格	計
男子	75	125	200
女子	25	75	100
計	100	200	300

合格率と、男女の別が独立であるといえるか、有意水準5%で検定してください。

帰無仮説、対立仮説は、次のようになります。

帰無仮説 H_0：[　ア　]

対立仮説 H_1：[　イ　]

検定統計量を計算します。

$$\frac{(\boxed{ウ} \times \boxed{エ} - \boxed{オ} \times \boxed{カ})^2 \times \boxed{キ}}{\boxed{ク} \times \boxed{ケ} \times \boxed{コ} \times \boxed{サ}} = \boxed{シ}$$

検定統計量から作ったヒストグラムは、自由度1のχ^2分布で近似できるので、棄却域は3.84以上です。

検定統計量の値が　[シ]　なので、帰無仮説を　[ス]　することになります。

有意水準5%で、

[　　　　　セ　　　　　]

210　SECTION 6　独立性を検定しよう

ことがいえます。

解答

ア　男女で合格率は等しい

イ　男女で合格率に差がある

ウ　75　　エ　75　　オ　125　　カ　25　　キ　300

ク　100　　ケ　200　　コ　100　　サ　200

シ　4.69（4.687を四捨五入）　ス　棄却

セ　合格率に男女差がある（男子の方が合格率が高い）

　みなさんも気になる大学があれば、入試結果を検定してみてはいかがでしょうか。

SECTION 7

推測統計！

適合度を検定しよう

　前の節では、独立性の検定を紹介しました。生活の場面でも使える面白い検定だったと思います。この節でももう一つ、身近に応用例がある検定を紹介しましょう。

　世界的に見るとABO式の血液型に興味を持っている国民は日本人だけらしいです。かく言う私も、血液型についての統計には興味を感じています。ただ、血液型と性格の関係については半信半疑です。関係あるような気もするのですが、性格が定量的に表現できるものでない限り証明することは難しいのではないかと考えています。一方、血液型別の罹患率などを調べる疫学調査では統計学的に有意な結論が数多く得られていますから、血液型が身体の状態に大きく影響を与えていることは事実のようです。その生物学的状態が性格にまで影響を与えているのかどうか、興味はつきません。

　さて、日本人の血液型別の割合は、A型38.1％、B型21.8％、O型30.7％、AB型9.4％だそうです。特定の集団について、日本人全体の血液型の割合と比べてみるのは興味のあることです。
　試しに、AKB48、乃木坂46、欅坂46のメンバー168人（以下、AKBメンバーと略す）の血液型を調べてみました（2019年1月）。

血液型	A	B	O	AB
人数	61	35	63	9

という結果でした。

　日本人の血液型の割合ではA型の方が多いにもかかわらず、AKBメンバーではO型の人数が一番多いという結果になりました。

　　　「AKBメンバーはO型の方が多い」

　　　「AKBメンバーは日本人の血液型組成と比べてO型が多い」

というコメントは、正しいコメントです。しかし、統計学的に、

　　　「血液型組成に関して、

　　　AKBメンバーが日本人離れしている集団である」

といえるかどうかは別問題です。これを結論付けるためには、検定をしなければなりません。ここから問題の形で述べましょう。

問題 33　AKBメンバー168人の血液型組成は、次の表のとおりです。

血液型	A	B	O	AB	計
人数	61	35	63	9	168

　AKBメンバー168人の血液型組成は、日本人の血液型組成、A型38.1%、B型21.8%、O型30.7%、AB型9.4%に適合しているか、有意水準5%で検定してください。

もう一度、この問題の例に即して検定の原理を振り返ってみます。

検定を行なうためには、得られた結果を確率的なふるまいをする現象の1つの結果として捉え、その確率を計算するのでした。この問題の場合に当てはめて説明してみましょう。

日本人から無作為に168人を選んで、血液型を問うアンケートを取ります。これは標本調査ですから、この168人の血液型組成が日本人の血液型組成とピタリと一致することはないでしょう。確率的に揺らぎがあり誤差が生じるはずです。

AKBメンバー168人の血液型組成は、日本人の血液型組成から見て誤差の範囲に収まっているのか、それとも日本人とは異なる血液型組成の母集団から抽出したと思われるほどに誤差の範囲を逸脱しているのか、どちらなのかを判定しようというわけです。

AKBメンバーの血液型組成が、日本人全体の血液型組成に適合するか否かを検定するので、このような検定を**適合度検定**と呼びます。

この検定で帰無仮説、対立仮説は、

> 帰無仮説H_0：AKBメンバー168人は日本人全体からの無作為
> 　　　　　　抽出である。
> 対立仮説H_1：AKBメンバー168人は日本人全体からの無作為
> 　　　　　　抽出ではない。

となります。

日本人から無作為抽出した168人の血液型組成が、AKBメンバーのような血液型組成になる確率を計算して検定を行ないます。

適合度検定のとき用いる検定統計量の計算法を紹介しましょう。

まずはじめに、168人の血液型組成の割合と日本人の血液型組成の割

合が一致するとき、168人の中にはA、B、O、AB型が何人いるはずか
を求めておきます。

理論的には168人の中に

A型は、 $168 \times 0.381 = 64.0$ （人）

B型は、 $168 \times 0.218 = 36.6$ （人）

O型は、 $168 \times 0.307 = 51.6$ （人）

AB型は、 $168 \times 0.094 = 15.8$ （人）　（小数第2位を四捨五入）

いることになります。理論的に求めた値なので理論値と呼ぶことがあり
ます。

次にこれとAKBメンバーの血液型別人数、A型61人、B型35人、O
型63人、AB型9人を用いて、次のように計算します。

$$\frac{(61-64.0)^2}{64.0} + \frac{(35-36.6)^2}{36.6} + \frac{(63-51.6)^2}{51.6} + \frac{(9-15.8)^2}{15.8} = 5.66$$

（小数第3位を四捨五入）

一番右の分数の分子のカッコの中は $9-15.8$ になっています。このま
までは引けません。こういうときは、9と15.8の差、すなわち6.8を表
しているとして計算しましょう。上の式を計算すると5.66です。

もしもAKBメンバーでない168人についてのアンケート結果が得ら
れた場合でも統計検定量の計算法の予想が付くでしょうか。

$$\frac{(\square-64.0)^2}{64.0} + \frac{(\square-36.6)^2}{36.6} + \frac{(\square-51.6)^2}{51.6} + \frac{(\square-15.8)^2}{15.8}$$

というように、アンケート結果のA型の人数、B型の人数、O型の人
数、AB型の人数を、左側から□の中に入れていきます。日本人の血液
型組成に適合しているか否かを検定するときには、アンケートを行なう

人数が168人と決まっていれば、64.0、36.6、51.6、15.8のところは一定になります。

統計検定量の計算の仕方は分かりました。こうして計算した統計検定量から作られるヒストグラムはどんな分布で近似したらよいのでしょうか。

その前に、ヒストグラムの作り方を復習しておきます。

作業

「日本人全体から無作為に168人を抽出し、検定統計量を計算する」

この作業を十分多い回数くり返して得られたデータからヒストグラムを作ります。

さて、こうして作ったヒストグラムは自由度3のχ^2分布で近似できます。「自由度3のχ^2分布」の自由度の3は、4つの場合（A、B、O、AB）に分けて統計を取っているので、自由度を$4-1=3$と計算しています。

もしもAA、AO、BB、BO、OO、ABに分けて考えるのであれば、6つの場合に分けるので、自由度を$6-1=5$と計算して、自由度5のχ^2分布を用います。

自由度3のχ^2分布は、ざっくりいうと自由度1のχ^2分布を3個足して作った分布になります。といってもその作り方は複雑なのでこの際飛ばします。仕組みを分からなくとも、自由度3のχ^2分布の形（数直線と面積の関係）が分かれば検定をすることができます。

自由度3のχ^2分布は、次のような曲線になります。例によって、曲線と直線で囲まれた部分の面積は1です。

216　SECTION 7　適合度を検定しよう

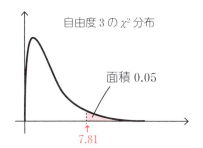

有意水準5%で検定するときは、網目部の面積が0.05のときの数直線の目盛りの値が必要です。これは7.81になることが知られています。有意水準5%のときの棄却域は7.81以上です。

上で計算した検定統計量は5.66ですから棄却域に入りません。

つまり、帰無仮説を棄却することはできず、帰無仮説を受容することになります。

> AKBメンバー168人は日本人全体からの
> 無作為抽出ではないことは主張できない

ということです。

帰無仮説が受容される場合なので、統計学的に正確に述べると上のようにもって回った言い方になってしまいます。ありていにいえば、「AKBメンバー168人は、O型が一番多いといっても、まあ誤差の範囲であって、血液型に関しては日本人としてありきたりな集団である」ということになります。

4項目に分かれる場合で、適合度検定の方法をまとめておきましょう。

適合度検定（4項目の場合）

　グループXに属するものは、A、B、C、Dのどれか1つの特性を持つ。また、グループXよりも小さいグループYについて、Aが$\boxed{ア}$個、Bが$\boxed{イ}$個、Cが$\boxed{ウ}$個、Dが$\boxed{エ}$個であったとする。

	A	**B**	**C**	**D**
標　本	$\boxed{ア}$	$\boxed{イ}$	$\boxed{ウ}$	$\boxed{エ}$
理論値	$\boxed{オ}$	$\boxed{カ}$	$\boxed{キ}$	$\boxed{ク}$

$$\frac{(\boxed{ア}-\boxed{オ})^2}{\boxed{オ}}+\frac{(\boxed{イ}-\boxed{カ})^2}{\boxed{カ}}+\frac{(\boxed{ウ}-\boxed{キ})^2}{\boxed{キ}}+\frac{(\boxed{エ}-\boxed{ク})^2}{\boxed{ク}}$$

が、7.81よりも大きければ、

　　　　有意水準5％で、グループYは、グループXを母集団として、

　　　　そこから抽出した標本ではない

といえる。

　ここで理論値$\boxed{オ}$、$\boxed{カ}$、$\boxed{キ}$、$\boxed{ク}$とは、グループYにおけるA、B、C、Dの割合と、グループXにおけるA、B、C、Dの割合が等しいように決めた値である。

　理論値$\boxed{オ}$、$\boxed{カ}$、$\boxed{キ}$、$\boxed{ク}$について補足しておきます。

　例えば、グループXのサイズが10万で、そのうちAが1万、Bが2万、Cが3万、Dが4万であるとします。つまり、百分率でいえばAが10％、Bが20％、Cが30％、Dが40％です。

　グループYのサイズが300であれば、理論値は、

A　$\boxed{オ}=300\times0.10=30$　　　　B　$\boxed{カ}=300\times0.20=60$

C　$\boxed{キ}=300\times0.30=90$　　　　D　$\boxed{ク}=300\times0.40=120$

となります。

7.81は自由度3のχ^2分布の表から求めた値です。

属性の個数が4個なので自由度3のχ^2分布を用いましたが、属性の個数が5個であれば自由度4のχ^2分布の表を用います。検定に用いるχ^2分布の自由度は、（属性の個数）-1　です。

適合度検定も計算手順が煩雑です。日本人の血液型組成との適合度検定のフォームを作りましたから、仕組みが分かった人はフォームで遊んでみましょう。

【適合度検定】

> **復習問題 12**　ジェット機Xに乗っている300人の乗客は、すべてある1国の国民であるといいます。血液型を調べたところ以下のようになりました。
>
> | A | B | O | AB |
> |---|---|---|----|
> | 105 | 51 | 129 | 15 |
>
> このジェット機の乗客の母国が日本であるか否か、有意水準5%で検定してください。ただし、日本人の血液型別の割合は、A型40％、B型20％、O型30％、AB型10％であるとして考えてください。

帰無仮説、対立仮説は、

　　　　帰無仮説H_0：　ア
　　　　対立仮説H_1：　イ

300人の血液型別割合が、日本人の血液型別の割合に等しいとすると、300人中、

A型は、　$\boxed{ウ}$ × $\boxed{エ}$ ＝ $\boxed{オ}$ （人）

B型は、　$\boxed{ウ}$ × $\boxed{カ}$ ＝ $\boxed{キ}$ （人）

O型は、　$\boxed{ウ}$ × $\boxed{ク}$ ＝ $\boxed{ケ}$ （人）

AB型は、$\boxed{ウ}$ × $\boxed{コ}$ ＝ $\boxed{サ}$ （人）

これと問題の表から検定統計量を計算すると、

$$\frac{(\boxed{シ}-\boxed{オ})^2}{\boxed{オ}}+\frac{(\boxed{ス}-\boxed{キ})^2}{\boxed{キ}}+\frac{(\boxed{セ}-\boxed{ケ})^2}{\boxed{ケ}}+\frac{(\boxed{ソ}-\boxed{サ})^2}{\boxed{サ}}=\boxed{タ}$$

帰無仮説のもとで検定統計量から作ったヒストグラムは、自由度3のχ^2分布で近似できます。

有意水準5％のとき、棄却域は$\boxed{チ}$以上なので、

帰無仮説は$\boxed{ツ}$されます。

有意水準5％で、

$\boxed{\qquad テ \qquad}$

ことがいえます。すなわち、有意水準5％で、ジェット機の乗客は日本人でないと結論付けられます。

解答

$\boxed{ア}$　ジェット機の乗客300人は日本人全体からの無作為抽出である

$\boxed{イ}$　ジェット機の乗客300人は日本人全体からの無作為抽出ではない

$\boxed{ウ}$　300

$\boxed{エ}$　0.40	$\boxed{オ}$　120	$\boxed{カ}$　0.20	$\boxed{キ}$　60
$\boxed{ク}$　0.30	$\boxed{ケ}$　90	$\boxed{コ}$　0.10	$\boxed{サ}$　30
$\boxed{シ}$　105	$\boxed{ス}$　51	$\boxed{セ}$　129	$\boxed{ソ}$　15

220　SECTION 7　適合度を検定しよう

タ 27.6（27.625を四捨五入）

チ 7.81　　ツ 棄却

テ ジェット機の300人は日本人全体からの無作為抽出ではない

　この問題のジェット機の血液型の割合、A型35％、B型17％、O型43％、AB型5％は、世界の人口全体での血液型の割合に等しく設定してあります。

SECTION 8

推測統計！

区間推定しよう

（標本のサイズが大きいとき）

前の節までは検定を紹介しました。この節からは推定を紹介します。推定の中でも区間推定を紹介しましょう。

例えば、東京都に住んでいる20代の平均年収は「250万円から350万円までの間に入っているのではないかな」と予測したとします。これは平均年収をある幅を持って範囲で予測しています。これが"区間"を予測したということです。しかし、統計学の答えとしては、これだけでは足りません。予測区間だけでなく、その予測がどれくらい信頼のおける予測であるかという信頼度にまで言及すると、統計学の区間推定になります。

<u>区間推定</u>とは、母平均や母分散の値をある範囲を持って予想することです。次の問題は、標本から母平均を区間推定する問題です。この本では母平均の推定しか取り上げません。問題文中の95％信頼区間という言葉は解説の中で説明します。

> **問題34** K製菓のあるラインで作られたせんべい100枚を取り出して重さについて調べたところ、平均は16.0g、標準偏差は0.7gでした。このとき、このラインで作られるせんべいの重さの平均について95％信頼区間を求めてください。

この問題では、標本は手元にある100枚のせんべいです。母集団は何でしょうか。母集団はK製菓のラインで作られるせんべい全体です。

　しかし、せんべい全体の枚数は何枚かと聞かれると困ります。時間をかければ何枚でも作ることができるからです。無限枚のせんべいを作ることができると考えて、このような母集団を無限母集団といいます。実際には、無限枚のせんべいを作ることはできませんが……。

　母集団の平均のことを母平均といいました。区間推定とは、ある範囲で母平均や母分散を推定することです。この問題は標本から母平均を区間推定しなさいという問題です。

　区間推定でなく、「1つの値で母平均を推定せよ」と言われた場合には何と答えますか。この場合は素直に標本の平均16.0gを答えればよいですね。これを**点推定**といいます。

　区間推定の場合には、分からない母平均をとりあえず□gとします。

　母標準偏差は、標本の標準偏差に等しいとして、0.7gであると考えます。標本が大きいときの検定と同じように0.7gと決めてしまいます。

　母集団の分布は、平均□g、標準偏差0.7gです。

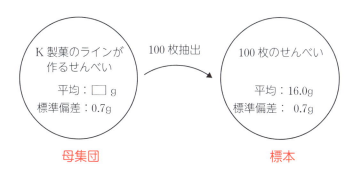

　この母集団から100枚を取り出してその平均を考えます。この平均を

「100枚平均」と呼ぶことにしましょう。標本が大きいときの検定で「49人平均データ」のヒストグラムを考えたように、「100枚平均データ」のヒストグラムを考えます。「100枚平均データ」とは、母集団から無作為に100枚を抽出して平均を計算する作業を十分多くの回数くり返して集めたデータのことです。

標本のサイズが大きいので、中心極限定理により「100枚平均データ」のヒストグラムは正規分布で近似することができます。

それでは、「100枚平均データ」のヒストグラムの平均、標準偏差はいくらになるでしょうか。

3章 §3のまとめ（p.160）において「もとのデータ」を「母集団」にして、

$$「100枚平均データ」の平均 = (母集団の平均) = \square \ (g)$$

$$「100枚平均データ」の標準偏差 = \frac{(母集団の標準偏差)}{\sqrt{標本のサイズ}}$$

$$= \frac{0.7}{\sqrt{100}} = \frac{0.7}{10} = 0.07 \ (g)$$

になります。標準偏差は 0.7 g ではないことに注意しましょう。

つまり、「100枚平均データ」のヒストグラムは、平均$\square$ g、標準偏差0.07 gです。

これをもとに「100枚平均データ」のヒストグラムが正規分布で近似される様子を描くと、次のようになります。

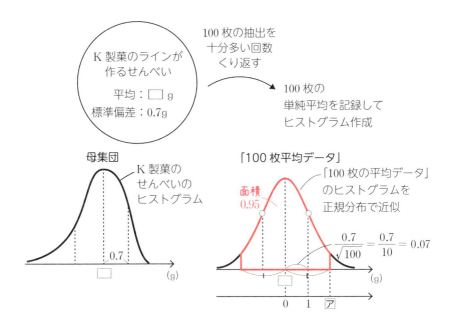

　ここで図のアカい線で囲まれた部分の面積が0.95のときの正規分布の数直線の目盛りを求めておきましょう。この0.95という値は、95％信頼区間に応じた値です。

　アカい線で囲まれた部分は線対称ですから、右半分の面積は

$$0.95 \div 2 = 0.475$$

であり、標準正規分布表を調べて、㋐の目盛りは1.96になります。

　つまり、「100枚平均」が

$$\Box - 0.07 \times 1.96 \quad \text{から} \quad \Box + 0.07 \times 1.96 \text{まで}$$

の範囲にある確率は95％です。

　さて、ここで推定に特有の考え方を紹介します。

　標本のせんべい100枚の平均値16.0gがこの95％で起こりうる範囲に入っていると考えるのです。つまり、

$$\boxed{} - 0.07 \times 1.96 < 16.0 < \boxed{} + 0.07 \times 1.96$$

が成り立っていると考えるわけです。

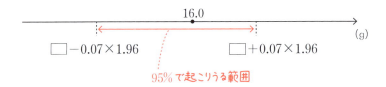

あとはこの式を満たすような□の範囲を求めればよいわけです。

□の範囲を求めるには、16.0 が「95%で起こりうる範囲」の端っこにきたときの値を求めます。すなわち、

左端 　$\boxed{} - 0.07 \times 1.96 = 16.0$ 　　　右端 　$\boxed{} + 0.07 \times 1.96 = 16.0$

16.0 が左端の場合

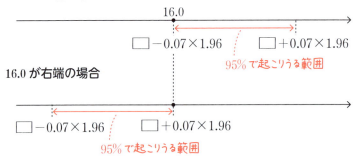

を満たすような□にあてはまる数を求めます。

16.0が左端の場合は、

$$\boxed{} - \underset{(掛け算なので先に計算して)}{0.07 \times 1.96} = 16.0$$

$$\boxed{} - 0.1372 = 16.0$$

□は 0.1372 を引いて 16.0 になる数なので、逆に 16.0 に 0.1372 を足して、

$$\square = 16 + 0.1372 = 16.1372 \quad \rightarrow \quad 16.1$$

となります。16.0 が右端の場合は、

$$\square + 0.07 \times 1.96 = 16.0$$
$$\square + 0.1372 = 16.0$$

□は 0.1372 を足して 16.0 になる数なので、逆に 16.0 から 0.1372 を引いて、

$$\square = 16.0 - 0.1372 = 15.8628 \quad \rightarrow \quad 15.9$$

となります。つまり、□の範囲は、

15.9 から　16.1 まで

これが求める範囲になります。

標本の平均 16.0 g が、95％で起こりうる範囲に入っているとして求めた区間なので、上で求めた範囲を95％信頼区間といいます。

この言葉を用いて答えをまとめると、

「母平均の 95％信頼区間は、15.9 から 16.1 まで」

となります。

この表現の解釈で、

「母平均が 95％の確率で 15.9 から 16.1 までに入る。」……☆

とするのは間違いです。母平均はある一定の値に固定していると考えなければなりません。確率を考えているのは、「100枚平均」の方なのです。実際、「100枚平均データ」のヒストグラムを考え、標本から算出した平均 16.0 が実現する確率を 95％ と見積もりました。

　問題の答えとして母平均の範囲を回答し、問題文では「100枚平均」の固定した値が与えられているので、確率を考えているのは母平均の方だと捉え、☆のように考えてしまうのも無理はありません。

　ですからここは手順をしっかりと覚え、そうして出てきた範囲を「95％信頼区間」という言葉で表現していくのだと腹を括ってしまいましょう。

　問題34の例で手順を振り返っておきます。

標本が大きいときの区間推定の考え方のまとめ

　　　母集団：ラインが作るせんべい全体
　　　標　本：手元にある 100 枚のせんべい

母集団の分布の平均を□g、標準偏差を 0.7 g とおく。
すると、「100枚平均データ」のヒストグラムは、

　　　平均□g、標準偏差 $\dfrac{0.7}{\sqrt{100}}$ になる。

中心極限定理より、このヒストグラムは正規分布と見なしてよい。

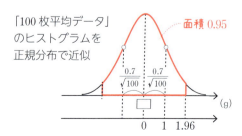

なので、「100枚平均（標本平均）」は95％の確率で、

$$\Box - \frac{0.7}{\sqrt{100}} \times 1.96 \text{ から } \quad \Box + \frac{0.7}{\sqrt{100}} \times 1.96 \text{ まで}$$

の範囲に入る。実際に測定された100枚平均の16.0がこの範囲に入っていると考えて、

$$\Box - \frac{0.7}{\sqrt{100}} \times 1.96 < 16.0 < \Box + \frac{0.7}{\sqrt{100}} \times 1.96$$

この式を満たす$\Box$にあてはまる数の範囲は、

$$16.0 - \frac{0.7}{\sqrt{100}} \times 1.96 \text{ から } \quad 16.0 + \frac{0.7}{\sqrt{100}} \times 1.96$$

これより、

「95％信頼区間は、$16.0 - \dfrac{0.7}{\sqrt{100}} \times 1.96$ から $\quad 16.0 + \dfrac{0.7}{\sqrt{100}} \times 1.96$ まで」

考え方の流れは以上です。

16.0	→	標本の平均
0.7	→	標本の標準偏差
100	→	標本のサイズ

と置き替えて、結論を公式化しておきましょう。

母平均の区間推定（標本が大きいとき）

95％信頼区間は、

$$(標本の平均) - \frac{(標準偏差)}{\sqrt{(標本のサイズ)}} \times 1.96 \quad \text{から}$$

$$(標本の平均) + \frac{(標準偏差)}{\sqrt{(標本のサイズ)}} \times 1.96 \quad \text{まで}$$

第③章

推測統計

試験のときは公式を用いるのが早いですが、ぜひとも推定の裏にある考え方を身につけてほしいと思います。

　ここまで「95％信頼区間を求めなさい」という設問形式に解答してきましたが、「信頼係数95％で区間推定しなさい」という設問でも内容は同じです。

復習問題 13　M製菓のあるラインで作られたチョコチップクッキー81枚の重さについて調べたところ、平均は9.50g、標準偏差は0.72gでした。このとき、このラインで作られるチョコチップクッキーの重さの平均を信頼係数95％で区間推定してください。

　この問題で、

　　　　　母集団は、　　[　　　ア　　　]

　　　　　標本は、　　　[　　　イ　　　]

　母平均を□gとおきます。母標準偏差が標本の標準偏差[ウ]gに等しいとして、母集団の分布は、

　　　　　平均□g　　　標準偏差[ウ]g

になります。

　母集団から81枚を取り出して、その重さの平均を「81枚平均」と呼ぶことにします。

　「81枚平均データ」は、中心極限定理によって、

　　　　　平均□g　　　標準偏差[エ]g

の正規分布に従います。

230　SECTION 8　区間推定しよう（標本のサイズが大きいとき）

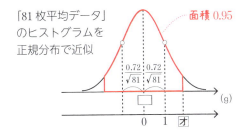

　正規分布でアカい線で囲まれた部分の面積が0.95になるとき、正規分布の数直線の目盛りは オ です。

　「81枚平均データ」が、

$$\boxed{カ} \text{ から } \boxed{キ} \text{ まで}$$

に入る確率は95%です。

　標本の平均 ク がこの範囲に入っていると考えて、

$$\boxed{カ} < \boxed{ク} < \boxed{キ}$$

このことから、

　　　「母平均を信頼係数95%で区間推定すると、 ケ から コ まで」

となります。

解答

ア　ラインで作られるチョコチップクッキー全体

イ　手元にある81枚のチョコチップクッキー

ウ　0.72

エ　$\dfrac{0.72}{\sqrt{81}}$　または　0.080　　　オ　1.96

カ　□ -0.080×1.96　　　キ　□ $+0.080 \times 1.96$

ク　9.50

ケ　$9.34\,(=9.50-0.080\times 1.96)$　　コ　$9.66\,(=9.50+0.080\times 1.96)$

（小数第3位で四捨五入）

Column 13　区間推定しよう（標本のサイズが小さいとき）

　前の節では標本のサイズが大きいときの区間推定を扱いました。この節では標本のサイズが小さいときの区間推定を扱います。標本のサイズが小さいときの検定に t 分布を用いたように、区間推定の場合でも標本のサイズが小さいときは t 分布を用います。

> **問題35**　A農協では1箱に10個のりんごを入れています。ある箱を取り出して重さを調べたところ、りんご1個の重さの平均は310 g、標準偏差は12 g でした。このとき A 農協で出荷しているりんご1個の重さを信頼係数95%で区間推定してください。

　途中までは標本のサイズが大きいときの区間推定と同じです。

　母集団は、A農協で出荷するりんご全体。標本は、手元にある10個のりんごです。

　母集団の平均、母平均を□ g とします。

　標本のサイズが小さいとき、母集団の標準偏差の見積もり方は2つの方法がありました。標本のデータから、普通に計算した分散から求めた標準偏差とするか、不偏分散から求めた「標準偏差」とするかです。この問題では、普通の分散から計算した標準偏差12 g が与えられていますから、これを母集団の標準偏差として採用しましょう。

　つまり、母集団は、

　　　　平均□ g、標準偏差12 g

で、ヒストグラムは正規分布で近似できるものとします。

さて、この仮定の下で母集団から10個を取り出してその平均を考えます。この平均のことを「10個平均」と呼ぶことにします。

ここで「10個平均データ」のヒストグラムを考えましょう。

前の節と同じように考えて、「10個平均データ」のヒストグラムを、

$$\text{平均} \square \, \text{g}、\text{標準偏差} \frac{12}{\sqrt{10}}$$

として、これを正規分布で近似すると誤差が大きくなってうまくありません。

これは標本のサイズが小さいときは、母集団の標準偏差を12gであるとすることに無理があるからです。その分を補正するには、「10個平均データ」のヒストグラムは、

$$\text{平均} \square \, \text{g}、\text{「標準偏差」} \frac{12}{\sqrt{9}}$$

であるとするとよいのです。また、ヒストグラムは自由度9のt分布で近似します。「標準偏差」を割るルートの中や自由度の9は、標本のサイズの10から1を引いた数です。

Column 12（p.194）の最後に説明したように、標本のサイズが小さいときは、「〇人平均データ」の『標準偏差』の計算方法として、

$$\frac{(\text{不偏分数から計算した「標準偏差」})}{\sqrt{(\text{標本のサイズ})}} = \frac{(\text{普通の分数から計算した標準偏差})}{\sqrt{(\text{標本のサイズ})-1}}$$

の等式の左辺を用いてもよいし、右辺を用いてもよかったのでした。この問題の場合、普通の分散から計算した標準偏差が与えられているので、右辺の計算式を用いたわけです。

自由度9のt分布について次ページ図のアカい線で囲まれた部分が0.95となるとき、t分布の数直線の $\boxed{\text{ア}}$ にはどんな数字が入るでしょうか。

アカい部分は線対称ですから、右半分は $0.95 \div 2 = 0.475$ です。すると、右図の網目部の面積は $0.5 - 0.475 = 0.025$ になります。t 分布の表で調べると ア に当てはまる数は 2.26（表中の 2.262 を小数第2位で四捨五入した値）であることが分かります。自由度9の t 分布の上側2.5%点は 2.26 です。

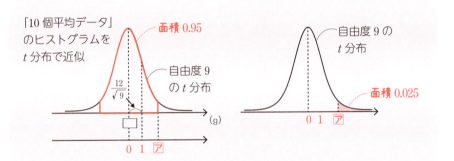

よって、「10個平均」が

$$\Box - \frac{12}{\sqrt{9}} \times 2.26 \text{ から} \quad \Box + \frac{12}{\sqrt{9}} \times 2.26 \text{ まで}$$

に入る確率は95%です。

ここで推定に特有の考え方がありましたね。

標本のりんご10個の平均値310gが95%で起こりうる範囲に入っていると考えるのです。つまり、

$$\Box - \frac{12}{\sqrt{9}} \times 2.26 < 310 < \Box + \frac{12}{\sqrt{9}} \times 2.26$$

が成り立っていると考えるわけです。

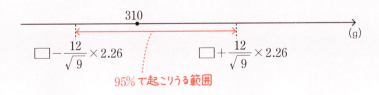

あとはこの式の□を満たすような数の範囲を求めればよいわけです。

$$\frac{12}{\sqrt{9}} = \frac{12}{3} = 4.0 \qquad \frac{12}{\sqrt{9}} \times 2.26 = 4.0 \times 2.26 = 9.04$$

と計算できますから、上の不等式は、

$$\square - 9.04 < 310 < \square + 9.04$$

となります。

□の範囲を求めるには、310が「95％で起こりうる範囲」の端っこにきたときの値を求めます。

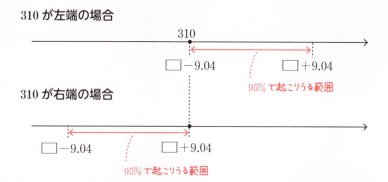

すなわち、

310が左端の場合は、　□ − 9.04 ＝ 310
310が右端の場合は、　□ + 9.04 ＝ 310

となります。左端の場合は、

$$\square - 9.04 = 310$$

□は9.04を引いて310になる数なので、逆に310に9.04を足して、

$$\square = 310 + 9.04 = 319.04 \quad \rightarrow \quad 319 \quad \text{(小数第2位を四捨五入)}$$

となります。右端の場合は、

$$\square + 9.04 = 310$$

□は 9.04 を足して 310 になる数なので、逆に 310 から 9.04 を引いて、

$$\square = 310 - 9.04 = 300.96 \quad \rightarrow \quad 301 \quad \text{(小数第2位を四捨五入)}$$

となります。つまり、□の範囲は、

301 から 319 まで

これが求める範囲になります。

標本の平均が、95％で起こりうる範囲に入っているとして求めた区間なので、

「母平均を信頼係数95％で区間推定すると、301から319まで」

となります。

標本が小さいときの区間推定の考え方のまとめ

母集団：A農協で出荷するりんご全体
標本　：手元にある10個のりんご

母集団の分布を平均□g、標準偏差12gの正規分布であると仮定する。

このとき、「10個平均」のヒストグラムは、平均□g、「標準偏

差」$\dfrac{12}{\sqrt{9}}$ になる。これを自由度 9 の t 分布で近似する。

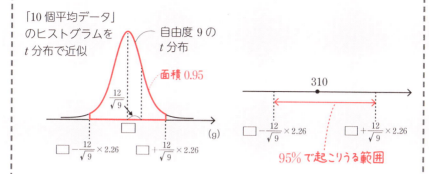

「10 個平均」は、95% の確率で、

$$\Box - \dfrac{12}{\sqrt{9}} \times 2.26 \text{ から } \Box + \dfrac{12}{\sqrt{9}} \times 2.26 \text{ まで}$$

の範囲に入る。標本平均の 310 がこの範囲に入っていると考えて、

$$\Box - \dfrac{12}{\sqrt{9}} \times 2.26 < 310 < \Box + \dfrac{12}{\sqrt{9}} \times 2.26$$

この式の $\Box$ にあてはまる数の範囲は、

$$310 - \dfrac{12}{\sqrt{9}} \times 2.26 \text{ から } 310 + \dfrac{12}{\sqrt{9}} \times 2.26 \text{ まで}$$

これより、

「95% 信頼区間は、$310 - \dfrac{12}{\sqrt{9}} \times 2.26$ から $310 + \dfrac{12}{\sqrt{9}} \times 2.26$ まで」

考え方の流れは以上です。

310	→	標本の平均
12	→	標本の標準偏差
9（＝10−1）	→	標本のサイズ−1

と置き替えて、公式化しておきましょう。

母平均の区間推定（標本が小さいとき）

95％信頼区間は、

$$(標本の平均) - \frac{(標本の標準偏差)}{\sqrt{(標本のサイズ)-1}} \times \boxed{ア} から$$

$$(標本の平均) + \frac{(標本の標準偏差)}{\sqrt{(標本のサイズ)-1}} \times \boxed{ア} まで$$

ただし、$\boxed{ア}$ には t 分布の上側2.5％点が入る。t 分布の自由度は、標本のサイズより1だけ小さい数を用いる。

復習してみましょう。

復習問題 14 B農協では1箱に17個の伊予柑を入れています。ある箱を取り出して重さを調べたところ、伊予柑1個の重さの平均は260 g、標準偏差は12 gでした。このとき、B農協で出荷している伊予柑1個の重さを信頼係数95％で区間推定してください。

この問題で、

母集団は、　$\boxed{\quad\quad ア \quad\quad}$

標本は、　　$\boxed{\quad\quad イ \quad\quad}$

母平均を□gとおきます。母集団から17個を取り出して、その重さ

の平均を"17個平均"と呼ぶことにします。

母集団の分布が正規分布であるとすると、"17個平均"の分布は、

　　　　平均 □ g　　『標準偏差』 ウ g

の t 分布に従います。

自由度 エ の t 分布について、網目部の面積が95%になるとき、下の右図の目盛りは オ となります。

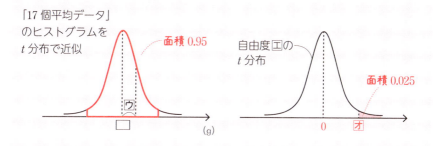

"17個平均"が

　　　　 カ から キ まで

になる確率は95%です。

標本の平均 ク がこの範囲に入っていると考えて、

　　　　 カ ＜ ク ＜ キ

このことから、

　　　「母平均を信頼係数95%で区間推定すると、

　　　　　　　　　　 ケ から コ まで」

となります。

解答

ア B農協で出荷する伊予柑全体

イ 手元にある17個の伊予柑

ウ $\dfrac{12}{\sqrt{16}}$ またはこれを計算した3.0

エ 16

オ 2.12

カ $\boxed{}-3.0\times2.12$ 　　　キ $\boxed{}+3.0\times2.12$

ク 260

ケ 254（253.64を小数第1位で四捨五入）

コ 266（266.36を小数第1位で四捨五入）

240　Column 13　区間推定しよう（標本のサイズが小さいとき）

Column 14 視聴率調査には誤差がある

　民放では1年を4期に分けて、各期ごとに全10回ほどの連続ドラマを多数作っています。以前は視聴率20％越えのドラマもありましたが、近年では視聴率が一番高いものでも10％台であることがほとんどです。

　ところで、視聴率調査の標本のサイズは、その母集団に比べて驚くほど少ないことはご存知でしょうか。

　関東の世帯に関する視聴率調査であれば、母集団は1800万世帯ですが、標本は900世帯です（ビデオリサーチ社のHPより）。母集団の2万分の1の標本から、母集団の比率（視聴率）を推定していることになります。

　900世帯の場合、視聴率の誤差はどれくらいになるでしょうか。計算してみましょう。

　その前に視聴率を調べるアンケートを導入します。

　番組を見たときは1、見ていないときは0と答えるアンケート（0−1アンケートと呼ぶ）を実施し、データにまとめることを考えます。

　例えば、2000世帯のうち、番組を視聴した世帯が400世帯であるとします。「0−1アンケート」を実施すると、400世帯が1、1600世帯が0と答えますから、

階級	度数	相対度数
0	1600	0.80
1	400	0.20
計	2000	1.00

　「0−1アンケート」のデータの平均は、

　　　度数で計算　　$(0 \times 1600 + 1 \times 400) \div 2000 = 0.20$

相対度数で計算　　　　$0 \times 0.80 + 1 \times 0.20 = 0.20$

です。一方、このときの視聴率は、

$$400 \div 2000 = 0.20 \quad (20\%)$$

となります。この計算を観察することから、

（「0－1アンケート」のデータの平均）＝（視聴率）

という関係が分かります。

　さて、調査世帯の900世帯のうち、90世帯が視聴している場合、調査世帯の視聴率は$90 \div 900 = 0.10$で10％です。このとき母集団1800万世帯の視聴率（以下、真の視聴率）の95％信頼区間を求めてみましょう。

　まず、調査世帯、900世帯の「0－1アンケート」の平均と分散を求めておきましょう。0と答える人は$900 - 90 = 810$です。

　度数、相対度数をまとめると、

階級	度数	相対度数
0	810	0.90
1	90	0.10
計	900	1.00

相対度数分布表から平均を求めると、

$$（平均） = 0 \times 0.90 + 1 \times 0.10 = 0.10$$

確かに調査世帯の視聴率10％に一致しています。

分散を求めるために、2乗平均を計算すると、

$$(2乗平均) = 0^2 \times 0.90 + 1^2 \times 0.10 = 0.10$$

分散を求めるのに、(分散) = (2乗平均) − (平均)^2 (**Column 6**) を用いて、

$$(分散) = 0.10 - (0.10)^2 = 0.10 - 0.01 = 0.09 \quad \cdots\cdots ☆$$

となります。この相対度数分布表の標準偏差は、

$$(標準偏差) = \sqrt{(分散)} = \sqrt{0.09} = 0.3$$

となります。

『「0−1アンケート」のデータの平均』が視聴率ですから、900世帯から計算した視聴率がどうばらつくかを知りたければ、『900世帯の「0−1アンケート」のデータの平均』を集めて描いたヒストグラム、すなわち「0−1アンケート」に関する「900世帯平均データ」のヒストグラムを調べればよいことになります。

確認しておくと、「900世帯平均データ」とは、1800万世帯から900世帯を無作為抽出して視聴率（「0−1アンケート」の平均）を計算することを十分多い回数くり返して得られたデータのことです。

「900世帯平均データ」のヒストグラムを描くには、母集団1800万世帯の平均、分散が必要です。母集団1800万世帯の「0−1アンケート」の平均すなわち真の視聴率を□とおきましょう。母集団1800万世帯の「0−1アンケート」の標準偏差は、標本である調査世帯の「0−1アンケート」の標準偏差と同じ0.3であるとします。

「900世帯平均データ」のヒストグラムの平均、標準偏差を求めるには、3章§3（p.160）で紹介した公式で、もとのデータを1800万世帯のデータとし、□に900を入れて適用します。すると、

(「900世帯平均データ」の平均) = (1800万世帯のデータの平均) = □
　　標本平均データ　　　　　　　　　　　母集団

(「900世帯平均データ」の標準偏差) = $\dfrac{(1800万世帯データの標準偏差)}{\sqrt{900}}$

$= \dfrac{0.3}{\sqrt{900}} = \dfrac{0.3}{30} = 0.01$

「900世帯平均データ」のヒストグラムは平均が□、標準偏差が0.01です。900世帯は十分に多い世帯数なので、ヒストグラムは中心極限定理により正規分布で近似することができ、下図のようになります。

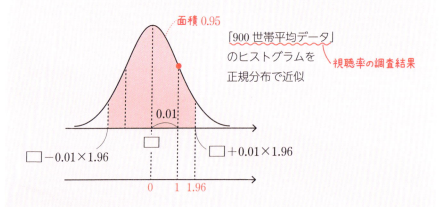

視聴率の調査結果は10％でした。これが95％で起こることだと考えると、

$$□ - 0.01 \times 1.96 < 0.10 < □ + 0.01 \times 1.96$$

という不等式が成り立ちます。95％信頼区間を求めるには、これを満たすような□の範囲を求めればよいのです。

3章§8のような議論を経て、真の視聴率の95％信頼区間は、

　　$0.10 - 0.01 \times 1.96$　から　$0.10 + 0.01 \times 1.96$　まで

　　百分率では、$10 - 1.96$（％）　から　$10 + 1.96$（％）　まで

となります。

つまり、視聴率の調査結果が10％のとき、900世帯を無作為抽出して視聴率を推定するには、上下2％ぐらいは幅を見なければならないということです。これが視聴率調査の誤差です。

　視聴率の調査結果が10％以外の場合にも計算できるように公式化しておきましょう。

　上の議論で、1800万世帯を母集団、900世帯を標本、900を調査世帯数、視聴率の調査結果0.10を視聴率に置き替えればよいのです。

　「0－1アンケート」での母集団の平均、すなわち視聴率を□とおくと、

$$(母集団の平均) = (真の視聴率) = □$$

$$(母集団の分散) = (標本の分散) = (視聴率) - (視聴率)^2$$

（p.243☆参照）

$$(母集団の標準偏差) = \sqrt{(視聴率) - (視聴率)^2}$$

　これをもとに「 調査世帯数 平均データ」のヒストグラムの平均、標準偏差を求めると、

　「 調査世帯数 平均データ」の平均 ＝ (母集団の平均) = □

　「 調査世帯数 平均データ」の標準偏差

$$= \frac{(母集団の標準偏差)}{\sqrt{(調査世帯数)}} = \frac{\sqrt{(視聴率) - (視聴率)^2}}{\sqrt{(調査世帯数)}}$$

　これから、

$$□ - \frac{\sqrt{(視聴率) - (視聴率)^2}}{\sqrt{(調査世帯数)}} \times 1.96 < (視聴率) < □ + \frac{\sqrt{(視聴率) - (視聴率)^2}}{\sqrt{(調査世帯数)}} \times 1.96$$

という不等式が成り立ちます。□の範囲を求めることで、真の視聴率の95％信頼区間は、

$$(\text{視聴率}) - \frac{\sqrt{(\text{視聴率}) - (\text{視聴率})^2}}{\sqrt{(\text{調査世帯数})}} \times 1.96 \text{ から}$$

$$(\text{視聴率}) + \frac{\sqrt{(\text{視聴率}) - (\text{視聴率})^2}}{\sqrt{(\text{調査世帯数})}} \times 1.96 \text{ まで}$$

となります。

900世帯のとき95％信頼区間の幅は4％ほどでしたが、これを半分の上下2％にしたければ、

900世帯の4倍の3600世帯、

10分の1の上下0.1％にしたければ、

900世帯の100倍の90000世帯

を調査すればよいことになります。

Appendix　2変量のデータの相関を知ろう

◎散布図

ここまでに扱ってきたデータは、すべて1変量のデータでした。例えば、あるクラスで国語と算数の小テストが同時に行なわれた場合でも、国語の点数について1つのデータ、算数の点数について1つのデータとバラバラに考えていました。

ここでは、2変量のデータを扱います。すなわち、国語と算数の小テストが行なわれた場合であれば、各個人について国語と算数の点数を組にして扱うのです。

例えば、あるクラスの8人（AさんからHさんまで）についての国語と算数の小テストの次の点数が表のようになったとします。

	A	B	C	D	E	F	G	H
国語	5	4	3	9	8	4	5	7
算数	8	9	2	9	6	7	6	5

このデータは2変量のデータです。

Aさんは国語5点、算数8点です。これを、Aさんという情報は省き、カッコを用いて $(5, 8)$ と表すことにすると、表のデータは、

　$(5, 8)$、$(4, 9)$、$(3, 2)$、$(9, 9)$、$(8, 6)$、$(4, 7)$、$(5, 6)$、$(7, 5)$

と表されます。

1変量のデータの場合、平均・分散を計算したり、ヒストグラムを描いたりしてデータを捉えました。

2変量のデータの場合は、それに加えて、2つの変量の間の関係性が関心事の1つになりえます。例えば上の小テストの例でいえば、

247

「国語ができる生徒は算数もできるだろうか」

という問いが思い浮かびます。もちろん、それぞれの変量のデータ（上の例でいえば、国語のデータ、算数のデータ）のヒストグラムの形も重要な分析です。

1変量のデータの場合は、ヒストグラムで表現することでデータ全体の特徴を視覚的に捉えることができました。

2変量のデータの場合には、次のような散布図と呼ばれる図を用いることで、2つの変量どうしの関係性を視覚的に表現することができます。

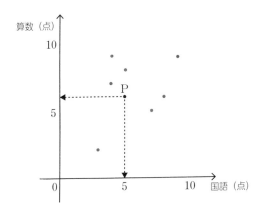

図中の点Pからよこ軸に向かって直線を引くとよこ軸の目盛りは5、たて軸に向かって直線を引くとたて軸の目盛りは6ですから、点Pは国語が5点、算数が6点であることを表しています。つまり、点PはGさんのことを表しています。

◎相関係数

上では散布図の書き方を紹介しました。

散布図を見ると2変量の分布の様子がよく分かります。

散布図から2変量の関係をざっくりと読み取る問題を解いてみましょう。

> **問題 36** 中学1年生1000人と中学3年生1000人について、英語と数学のテスト（満点は100点）をしました。その結果を2つの散布図にまとめました。以下の散布図では点が打たれている範囲を領域として表しています。
>
>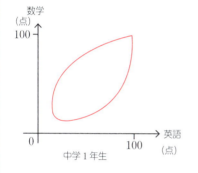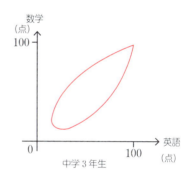
>
> 英語で60点を取った中学1年生A君と、英語で60点を取った中学3年生B君に関して、数学の点数の範囲を予想してみます。数学の点数の範囲が狭いのはどちらであると考えられますか。

散布図の英語60点のところに直線を引き、点が打たれている領域と交わる部分をアカで表します。すると、アカい部分は次の図のように中1の散布図の方が長く、中3の散布図の方が短くなります。

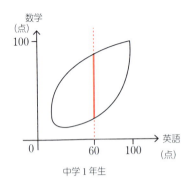
中学1年生

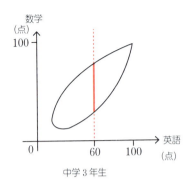
中学3年生

　このことから、60点を取った生徒に関して、数学の点数を狭い範囲に絞り込むことができるのは、中学3年生の生徒の方であることが分かります。
　ここで、
　　　　「英語と数学の点数の関係性が強いのは、
　　　　　中学1年生と中学3年生のうちどちらですか」
という質問について考えてみましょう。
　英語の点数が分かると、およその数学の点数が分かりますが、中学3年生の方が範囲を絞り込むことができるので、中学3年生の方がより英語と数学の点数の関係性が強いということが分かるでしょう。
　これらの観察から、
　　　　散布図が**直線状**に集まっていると2変量の関係性が**強く**
　　　　散布図が**面的**に散らばっていると2変量の関係性は**弱い**
傾向にあるといえます。
　2変量の関係性が一番強い場合の散布図は、次の左図のように個々のデータを表す点が一直線上に並ぶときです。例えば
　　　　（**数学**の点数）＝（**英語**の点数）　あるいは
　　　　（**数学**の点数）＝（**英語**の点数）× 1.5 － 20

などの関係がある場合、2変量の関係が一番強くなります。どちらの場合でも、英語の点数が分かれば、数学の点数が分かってしまいます。

2変量の関係性が一番弱い場合の散布図は、下の右図のようにドットが均等に散らばるときです。

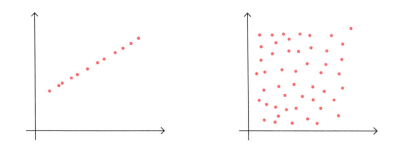

もう1つ散布図から2変量の関係をざっくりと読み取る問題を解いてみましょう。

> **問題 37** 次の2つのテーマについてデータを整理し、散布図にまとめました。
>
> （1） 日本の30の都市について、緯度と平均気温の関係を調べた
> （2） アイスクリーム屋で30日間、気温と売上高の関係を調べた
> 次の2つの散布図ア、イは、それぞれ（1）、（2）のテーマのどちらであると考えられますか。
>
>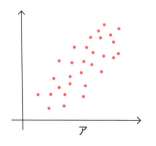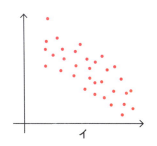

赤道の緯度は0°で気温が高く、北極は緯度が90°で気温は低いです。

　緯度が高くなると、平均気温は低くなる傾向があります。

　よこ軸に緯度を、たて軸に平均気温を取るとき、よこ軸の値を増やすと、たて軸の値が減ります。そのような散布図は**イ**です。

　気温が高くなると、アイスクリームを食べたくなる人が多くなりますから、アイスクリームの売り上げが多くなることが予想されます。

　よこ軸に気温を、たて軸に売り上げを取るとき、よこ軸の値を増やすと、たて軸の値も増えます。そのような散布図は**ア**です。

　ア－（2）、**イ**－（1）　となります。

　一般に2変量のデータで、

　　　　一方が**増えると**、もう一方も**増える**傾向にあるとき、

　　　　2変量は**正**の相関関係がある

といいます。逆に、

　　　　一方が**増えると**、もう一方が**減る**傾向にあるとき、

　　　　2変量は**負**の相関関係がある

といいます。

　　　　気温とアイスクリームの売上高は正の相関関係がある

　　　　都市の緯度と平均気温は負の相関関係がある

といえます。

　よこ軸の値を増やすと、たて軸の値が増える傾向にある散布図**ア**は、2変量に正の相関関係があることを示しています。

　よこ軸の値を増やすと、たて軸の値が減る傾向にある散布図**イ**は、2変量に負の相関関係があることを示しています。

　散布図から相関関係が正であるか、負であるかを読み取るためには、次のようにまとめておくとよいでしょう。

252　Appendix　2変量のデータの相関を知ろう

散布図のうち点が散らばっている領域が、

　　　右上がりに見えるのは**正**の相関関係

　　　右下がりに見えるのは**負**の相関関係

となります。

　ここまで問題を通して、2変量の関係性のうち、

　　　関係性の強さ　（**問題36**）

　　　相関関係の正負　（**問題37**）

について、定性的に紹介してきました。定性的なので、比べたときに判定がつかない場合やどうしてもあいまいな部分が出てきてしまいます。2変量の関係性を数値で表すことはできないでしょうか。

　そこで考え出されたのが**相関係数**という指標です。例によって、問題形式で相関係数の計算方法を紹介します。

問題38　**ある5人について国語と算数の小テストを実施したところ、次のような結果になりました。このとき、国語の点数と算数の点数の相関係数を求めてください。**

国語	3	4	5	6	7
算数	1	5	2	3	9

　相関係数の求め方の手順を紹介しましょう。

ステップ 1　国語、算数の点数の表の下にさらに3行付け加えて、国語の点数の2乗、算数の点数の2乗、国語と算数の点数の積を計算します。

ステップ 2　各行の総和（すべての和）、平均を計算します。

						総和	平均	
国語	3	4	5	6	7	25	5.0	…$\boxed{ア}$
算数	1	5	2	3	9	20	4.0	…$\boxed{イ}$
国語^2	9	16	25	36	49	135	27.0	…$\boxed{ウ}$
算数^2	1	25	4	9	81	120	24.0	…$\boxed{エ}$
国×算	3	20	10	18	63	114	22.8	…$\boxed{オ}$

ステップ 3　各行の平均を上から$\boxed{ア}$、$\boxed{イ}$、$\boxed{ウ}$、$\boxed{エ}$、$\boxed{オ}$として、

$$\boxed{ウ}-\boxed{ア}^2、\boxed{エ}-\boxed{イ}^2、\boxed{オ}と\boxed{ア}\times\boxed{イ}の差$$

を計算します。

$$\boxed{ウ}-\boxed{ア}^2=27.0-5.0^2=2.0$$

$$\boxed{エ}-\boxed{イ}^2=24.0-4.0^2=8.0$$

$$\boxed{オ}と\boxed{ア}\times\boxed{イ}の差=22.8-5.0\times4.0=2.8$$

ステップ 4　この3つの数を用いて相関係数は、

$\boxed{オ}$が$\boxed{ア}\times\boxed{イ}$よりも大きいときは、

$$\frac{\boxed{オ}と\boxed{ア}\times\boxed{イ}の差}{\sqrt{\boxed{ウ}-\boxed{ア}^2}\times\sqrt{\boxed{エ}-\boxed{イ}^2}}$$

$\boxed{オ}$が$\boxed{ア}\times\boxed{イ}$よりも小さいときは、全体にマイナスを付けて、

$$-\frac{\boxed{オ}と\boxed{ア}\times\boxed{イ}の差}{\sqrt{\boxed{ウ}-\boxed{ア}^2}\times\sqrt{\boxed{エ}-\boxed{イ}^2}}$$

となります。

　この問題の例では、$\boxed{オ}$が$\boxed{ア}\times\boxed{イ}$よりも大きいのでマイナスは付ける必要はありません。

$$(\text{国語と算数の相関係数}) = \frac{\boxed{オ}と\boxed{ア}\times\boxed{イ}の差}{\sqrt{\boxed{ウ}-\boxed{ア}^2}\times\sqrt{\boxed{エ}-\boxed{イ}^2}}$$

$$= \frac{2.8}{\sqrt{2.0}\times\sqrt{8.0}} = \frac{2.8}{4.0} = 0.7$$

> アンダーラインの式の値を、電卓を用いて計算すると答えの値がちょうど 0.7 に
> はなりません。電卓で計算してももちろん構いません。
> 実は、$\sqrt{2}\times\sqrt{8}$ は 4 に等しくなります。なぜなら、2 乗すると、
> $$\begin{aligned}\left(\sqrt{2}\times\sqrt{8}\right)^2 &= \sqrt{2}\times\sqrt{8}\times\sqrt{2}\times\sqrt{8}\\ &= \sqrt{2}\times\sqrt{2}\times\sqrt{8}\times\sqrt{8}\\ &= \left(\sqrt{2}\times\sqrt{2}\right)\times\left(\sqrt{8}\times\sqrt{8}\right) = 2\times 8 = 16\end{aligned}$$
> $\sqrt{2}\times\sqrt{8}$ は 2 乗して 16 になる数なので、4 に等しいのです。

第③章

推測統計

　相関係数の計算法は上の通りです。少し補足しておきます。

　上で計算した、$\boxed{ウ}-\boxed{ア}^2$、$\boxed{エ}-\boxed{イ}^2$ は、それぞれ国語の分散、算数の分散になっています。Column 6で、分散を計算するには、

$$(\text{分散}) = (2\text{乗平均}) - (\text{平均})^2$$

でもよいことを示しました。$\boxed{ウ}-\boxed{ア}^2$、$\boxed{エ}-\boxed{イ}^2$ はまさにこの公式を用いているわけです。ですから、$\sqrt{\boxed{ウ}-\boxed{ア}^2}$、$\sqrt{\boxed{エ}-\boxed{イ}^2}$ はそれぞれ国語の標準偏差、算数の標準偏差になっています。

　一方、$\boxed{オ}と\boxed{ア}\times\boxed{イ}$ の差は、国語と算数の共分散と呼ばれる値を計算したものです。ですから、相関係数の式を言葉の入った式でまとめると、

$$(\text{国語と算数の相関係数}) = \frac{\text{国語と算数の共分散}}{(\text{国語の標準偏差})\times(\text{算数の標準偏差})}$$

となります。

　こうして計算した相関係数は、0 から 1 までの数、または 0 から 1 まで

の数にマイナスを付けたものになります。

関係性の強さは、

　　　数の部分が0に近いとき弱く、1に近いとき強くなります。

相関関係の正負は、

　　　マイナスが付かないとき正で、マイナスが付くとき負です。

　散布図が与えられたとき、それに対して相関係数がどのくらいの値になるかを示したものが以下の図です。

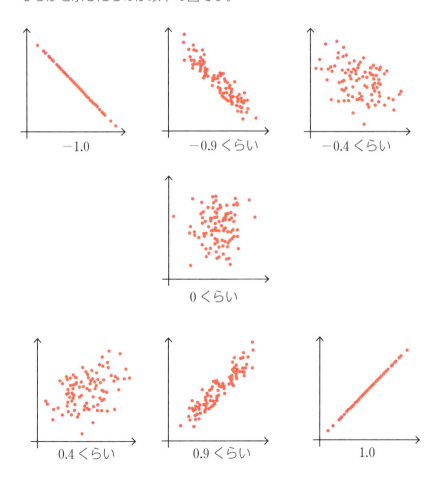

相関係数の計算法をまとめておきます。

2変量A、Bの相関係数の計算法

ステップ1　A、Bの数値を表す表に3行付け加えて、Aの2乗、Bの2乗、AとBの積を計算します。

ステップ2　各行の総和（すべての和）、平均を計算します。

				総和	平均
A	……	5	……	…	㋐
B	……	2	……	…	㋑
A^2	……	25	……	…	㋒
B^2	……	4	……	…	㋓
$A \times B$	……	10	……	…	㋔

ステップ3　上の表の各行の平均を上から㋐、㋑、㋒、㋓、㋔として、

$$㋒ - ㋐^2、㋓ - ㋑^2、㋔ と ㋐ \times ㋑ の差$$

を計算します。

ステップ4　これを用いて相関係数は、

㋔が㋐ × ㋑よりも大きいとき　　㋔が㋐ × ㋑よりも小さいとき

$$\frac{㋔と㋐×㋑の差}{\sqrt{㋒-㋐^2} \times \sqrt{㋓-㋑^2}} \qquad -\frac{㋔と㋐×㋑の差}{\sqrt{㋒-㋐^2} \times \sqrt{㋓-㋑^2}}$$

相関係数を計算するのはずいぶんと面倒ですね。しかし、Excelを使えば簡単に求めることができます。説明してみましょう。

相関係数の求め方は、（A）関数を用いる方法と（B）分析ツールを用いる方法の2つの方法があります。

先ず、Excelの2列のセルにデータを並べます。

(A) 関数を用いる方法

このあと適当なセルを選んで、

$$=CORREL(B2:B6, C2:C6)$$

と打ち込んでエンターキーを押します。相関係数のことを英語でCorrelation coefficientというので、このような命令にしたのです。

(B) 分析ツールを用いる方法

タブの中から「データ」を選んでクリックすると、下の図のようなリボンが現れます。この中から「データ分析」を選んでクリックします。

すると、データ分析のウィンドウが現れますから、相関を選んでOKを押します。

　下の入力範囲の欄には、データのセルをアクティブにすることで、範囲を入力します。

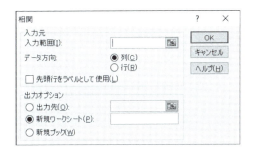

　OKを押すと、下表のような結果となります。列1と列2の相関係数は0.7、すなわち国語と算数の相関係数は0.7であることが分かります。ちなみに、表中の1は、列1と列1あるいは列2と列2の相関係数が1であることを示しています。自分自身との相関係数は一番強い正の相関ですから1なわけです。

	列1	列2
列1	1	
列2	0.7	1

　ここで相関係数の使い方について、重要な注意をしておきます。
　相関係数のマイナスを除いた値が1に近いとき、具体的には0.9以上のときは、2つの変量の間に強い関係性があると判断することができま

す。ただし、この統計分析から、一方が原因でもう一方がその結果であるとすぐに判断してはいけません。

　例えば、企業の売上高と広告費の関係です。売上高が大きい企業はそれなりに広告費も使うでしょうから、売上高と広告費は正の相関関係があります。しかし、売上高を上げるために広告費を増やせばよいと判断するのは危険な考え方です。因果関係と捉えてしまうとこのような間違いを犯してしまいます。もちろん、「気温とアイスクリームの売上高」のデータのように、因果関係があって相関係数が高くなる場合もあります。

　因果関係があるときは、相関関係に現れることが多いでしょう。しかし、相関関係があっても因果関係があるとは限りません。相関係数が高い場合には、そのメカニズムまでよく見極めて、因果関係になっていることを結論してください。巷では、相関関係から因果関係を結論付ける強引な論理がまかり通っていますから、みなさんにおかれましては決して騙されないように注意して欲しいと思います。

　さて、問題で相関係数の計算法を確認してみましょう。

復習問題 15　ある5人について理科と社会の小テストを実施したところ、次のような結果になりました。このとき、理科の点数と社会の点数の相関係数を求めてください。

理科	3	4	5	6	2
社会	3	2	5	1	9

260　Appendix　2変量のデータの相関を知ろう

						総和	平均
理科	3	4	5	6	2		ア
社会	3	2	5	1	9		イ
理科^2	9	16	25	36	4		ウ
社会^2	9	4	25	1	81		エ
理×社	9	8	25	6	18		オ

オとア × イを比べると、ア × イの方が大きいので、相関係数は、

$$-\frac{\boxed{オ}と\boxed{ア}×\boxed{イ}の差}{\sqrt{\boxed{ウ}-\boxed{ア}^2}×\sqrt{\boxed{エ}-\boxed{イ}^2}}=-\frac{\boxed{カ}}{\sqrt{\boxed{キ}}\sqrt{\boxed{ク}}}=-\frac{\boxed{カ}}{\boxed{ケ}}=-\boxed{コ}$$

解答

ア	4.0	イ	4.0	ウ	18.0	エ	24.0	オ	13.2
カ	2.8	キ	2.0	ク	8.0	ケ	4.0	コ	0.7

標準正規分布表

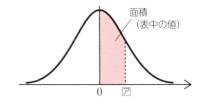

ア	0	0.01	0.02	0.03	0.04	0.05	0.06	0.07	0.08	0.09
0.0	.0000	.0040	.0080	.0120	.0160	.0199	.0239	.0279	.0319	.0359
0.1	.0398	.0438	.0478	.0517	.0557	.0596	.0636	.0675	.0714	.0753
0.2	.0793	.0832	.0871	.0910	.0948	.0987	.1026	.1064	.1103	.1141
0.3	.1179	.1217	.1255	.1293	.1331	.1368	.1406	.1443	.1480	.1517
0.4	.1554	.1591	.1628	.1664	.1700	.1736	.1772	.1808	.1844	.1879
0.5	.1915	.1950	.1985	.2019	.2054	.2088	.2123	.2157	.2190	.2224
0.6	.2257	.2291	.2324	.2357	.2389	.2422	.2454	.2486	.2517	.2549
0.7	.2580	.2611	.2642	.2673	.2704	.2734	.2764	.2794	.2823	.2852
0.8	.2881	.2910	.2939	.2967	.2995	.3023	.3051	.3078	.3106	.3133
0.9	.3159	.3186	.3212	.3238	.3264	.3289	.3315	.3340	.3365	.3389
1.0	.3413	.3438	.3461	.3485	.3508	.3531	.3554	.3577	.3599	.3621
1.1	.3643	.3665	.3686	.3708	.3729	.3749	.3770	.3790	.3810	.3830
1.2	.3849	.3869	.3888	.3907	.3925	.3944	.3962	.3980	.3997	.4015
1.3	.4032	.4049	.4066	.4082	.4099	.4115	.4131	.4147	.4162	.4177
1.4	.4192	.4207	.4222	.4236	.4251	.4265	.4279	.4292	.4306	.4319
1.5	.4332	.4345	.4357	.4370	.4382	.4394	.4406	.4418	.4429	.4441
1.6	.4452	.4463	.4474	.4484	.4495	.4505	.4515	.4525	.4535	.4545
1.7	.4554	.4564	.4573	.4582	.4591	.4599	.4608	.4616	.4625	.4633
1.8	.4641	.4649	.4656	.4664	.4671	.4678	.4686	.4693	.4699	.4706
1.9	.4713	.4719	.4726	.4732	.4738	.4744	.4750	.4756	.4761	.4767
2.0	.4772	.4778	.4783	.4788	.4793	.4798	.4803	.4808	.4812	.4817
2.1	.4821	.4826	.4830	.4834	.4838	.4842	.4846	.4850	.4854	.4857
2.2	.4861	.4864	.4868	.4871	.4875	.4878	.4881	.4884	.4887	.4890
2.3	.4893	.4896	.4898	.4901	.4904	.4906	.4909	.4911	.4913	.4916
2.4	.4918	.4920	.4922	.4925	.4927	.4929	.4931	.4932	.4934	.4936
2.5	.4938	.4940	.4941	.4943	.4945	.4946	.4948	.4949	.4951	.4952
2.6	.4953	.4955	.4956	.4957	.4959	.4960	.4961	.4962	.4963	.4964
2.7	.4965	.4966	.4967	.4968	.4969	.4970	.4971	.4972	.4973	.4974
2.8	.4974	.4975	.4976	.4977	.4977	.4978	.4979	.4979	.4980	.4981
2.9	.4981	.4982	.4982	.4983	.4984	.4984	.4985	.4985	.4986	.4986
3.0	.4987	.4987	.4987	.4988	.4988	.4989	.4989	.4989	.4990	.4990
3.1	.4990	.4991	.4991	.4991	.4992	.4992	.4992	.4992	.4993	.4993
3.2	.4993	.4993	.4994	.4994	.4994	.4994	.4994	.4995	.4995	.4995
3.3	.4995	.4995	.4995	.4996	.4996	.4996	.4996	.4996	.4996	.4997
3.4	.4997	.4997	.4997	.4997	.4997	.4997	.4997	.4997	.4997	.4998
3.5	.4998	.4998	.4998	.4998	.4998	.4998	.4998	.4998	.4998	.4998
3.6	.4998	.4998	.4999	.4999	.4999	.4999	.4999	.4999	.4999	.4999
3.7	.4999	.4999	.4999	.4999	.4999	.4999	.4999	.49992	.4999	.4999

t分布の表

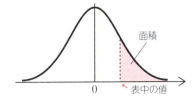

自由度 \ 面積	0.050	0.025	0.010	0.005
1	6.314	12.706	31.821	63.657
2	2.920	4.303	6.965	9.925
3	2.353	3.182	4.541	5.841
4	2.132	2.776	3.747	4.604
5	2.015	2.571	3.365	4.032
6	1.943	2.447	3.143	3.707
7	1.895	2.365	2.998	3.499
8	1.860	2.306	2.896	3.355
9	1.833	2.262	2.821	3.250
10	1.812	2.228	2.764	3.169
11	1.796	2.201	2.718	3.106
12	1.782	2.179	2.681	3.055
13	1.771	2.160	2.650	3.012
14	1.761	2.145	2.624	2.977
15	1.753	2.131	2.602	2.947
16	1.746	2.120	2.583	2.921
17	1.740	2.110	2.567	2.898
18	1.734	2.101	2.552	2.878
19	1.729	2.093	2.539	2.861
20	1.725	2.086	2.528	2.845
21	1.721	2.080	2.518	2.831
22	1.717	2.074	2.508	2.819
23	1.714	2.069	2.500	2.807
24	1.711	2.064	2.492	2.797
25	1.708	2.060	2.485	2.787
26	1.706	2.056	2.479	2.779
27	1.703	2.052	2.473	2.771
28	1.701	2.048	2.467	2.763
29	1.699	2.045	2.462	2.756
30	1.697	2.042	2.457	2.750
40	1.684	2.021	2.423	2.704
60	1.671	2.000	2.390	2.660
80	1.664	1.990	2.374	2.639
120	1.658	1.980	2.358	2.617
∞	1.645	1.960	2.326	2.576

おわりに

　最後までお読みいただきありがとうございました。

　本書が統計学を学ぶ最初の本であったという人も多かったことと思います。

　統計学の学びはじめの一冊として本書を選んでいただいたことを光栄に思います。この本を読むことで、みなさんの統計学についての第一印象が決まってしまうのですから、責任は重大です。本書を読み終わっていかがでしたでしょうか。

　統計学は意外と易しい、統計学を学んでいくと面白そうだ、統計学はビジネスに有用そうだ、という感想を持っていただけたなら、著者としてこれほどうれしいことはありません。本を読み通したあなたの根気を称えるとともに、本書がふさわしい読者に巡り合えた幸運に感謝いたします。

　『まずはこの一冊から　意味がわかる統計学』（以下、『意味がわかる』）をベレ出版から上梓したのは、2012年1月のことでした。この『意味がわかる』では、読者が中学数学を既習していることを前提とし、検定・推定を分かりやすく解説しました。

　当時、初学者のための統計学の解説書には、検定についての分かりやすい解説がまだ見受けられませんでした。ですから、『意味がわかる』を出版したことには大きな意味があったと思っています。先日ネットの記事で『意味がわかる』の検定の解説とそっくりな解説に出くわしました。分かりやすい説明が広まっていくことをうれしく思った次第です。

　しかし、『意味がわかる』では、2章以降は数式を中心とした説明に

264　おわりに

なっていましたから、数式にアレルギーがある人はそもそも手に取ることがなかったり、手に取っても最後まで読み通すことができなかったのではないかと思っています。そのような人にも統計学の真髄をお伝えしたいと考えて、この本を著すことを企画しました。

　中学数学を既習として統計学を解説する本は世にありますが、小学算数の知識だけで統計学の数理まで解説する本は今のところないようです。

　統計学をもう少し深く学んでいきたいという方のために、いくつか本を紹介します。

　以下、文中で『算』とは、『算数だけで統計学！』（本書）。

◎『まずはこの一冊から　意味がわかる統計学』（2012）

石井俊全　ベレ出版

　『算』では、数学の知識を算数までしか要求していませんが、中学数学まで学んでいる人はこの本に進むとよいでしょう。『算』では天下り的に正規分布を紹介しましたが、この本では高校の課程で学ぶ組み合わせから正規分布の成り立ちを説明しています。正規分布の由来について知りたい人は手に取るとよいでしょう。3章では、2変量の統計を分析するときの一番の基本である回帰分析を扱っています。

◎『1冊でマスター　大学の統計学』（2018）

石井俊全　技術評論社

　もしも、あなたの周りで統計学に詳しいという人がいましたら、「正規分布の式はどういう式ですか」「なぜそのような形をしているのですか」と質問してみてください。式までは答えることができても、導出ま

で即答することができる人は少ないでしょう。統計学の本で、正規分布の式の導出を書いてある本がほとんどないからです。しかし、この本には正規分布の式の導出が書かれています。また、『算』では天下り的に扱った、独立性の検定、適合度検定の検定統計量の導出も書かれています。統計学を本格的に学ぶ人に紹介していただけたら幸いです。

　『算』でもExcelの使い方に触れましたが、統計処理にはソフトが欠かせません。しかし、原理も使い方もバランスよく分かりやすく書かれた統計ソフトの解説書は、私が思うに少ないです。その少ない書籍の中から2冊ほどを紹介します。

◎『EXCEL ビジネス統計分析　第3版 2016/2013/2010 対応』(2017)
末吉正成、末吉美喜　翔泳社

　統計学を学ぶ動機の一つは、ビジネスへの応用でしょう。Excelはビジネスでも多用される表計算ソフトです。この本のよいところは、ビジネスの具体的な問題を取り上げているところと、Excelの操作がビジュアル的で分かりやすいところです。

◎『はじめてのR：ごく初歩の操作から統計解析の導入まで』(2013)
村井潤一郎　北大路書房

　Rは無料の統計ソフトです。『算』で検定・推定の仕組みが分かった人は、他の種類の検定や多変量解析をこの本で学んでいくとよいと考えます。タイトル通り、ソフトを知らない人に向けて書かれているところがよいところです。

　みなさんがこの本で固めた統計学の理解を土台として、資格勉強にビ

ジネスに統計学をさらに深く学ばれていくことを願っております。

　本書を企画進行していただいたベレ出版の坂東一郎氏、組版を担当していただいたあおく企画の五月女弘明氏に深く感謝をいたします。

　この本を書くにあたり、「大人のための数学教室　和」には教室を挙げて全面的に協力していただきました。執筆の機会を作っていただきました代表の堀口智之氏、初学者の躓きやすいポイントを指摘していただいた谷口桜子氏、福原大輔氏、独立性検定と適合度検定のフォームを作っていただいた松中宏樹氏、他スタッフのみなさんには一方ならぬお世話になりました。ありがとうございました。また、表やソフトのために、教室のホームページをお貸しいただきました。本書の2次元バーコードは「和」のページにリンクしています。数学・統計学を分かりやすく伝える教室の、益々の発展を祈ります。

　佐々木和美氏には校閲・校正で、小山拓輝氏には校正で鋭い指摘をしていただきました。本のクオリティを保つことができました。感謝の念に堪えません。

　そして、常日頃より執筆活動を支えていただいている東京出版社主・黒木美左雄氏には謹んでお礼を述べたいと思います。

　2019年10月

石井　俊全

●索引●

記号

χ^2 分布	206
□人平均データ	153
2 乗する	37
2 乗和	61
95％信頼区間	227
B2:B7	72
t 検定	187

あ

上側 5％点	188
丘	98
丘の面積	98

か

階級	28
階級値	28
階級幅	28
確率	138
片側検定	172
仮平均	53
棄却域	170
棄却する	164
危険率	175
帰無仮説	164, 167
区間推定	222
検定	163
検定統計量	204

さ

採択	167
最頻値	51
自由度	187, 206
受容	168
資料	26
推定	163
スタージェスの公式	35
正規分布	96
正規分布の数直線	102
全数調査	157
相関係数	253
相対度数	29
相対度数分布表	29

た

第 1 種の誤り	175
第 1 四分位数	68
第 2 種の誤り	175
第 2 四分位数	68
第 3 四分位数	68
大数の法則	140
代表値	51
対立仮説	167
多峰性	134
単純平均	150
単峰性	134
中央値	51
柱状グラフ	29
中心極限定理	155
データ	26

データの大きさ………………27
データのサイズ………………27
適合度検定…………………214
点推定………………………223
同様に確からしい……………144
独立…………………………199
独立性………………………201
度数……………………………28
度数分布表……………………29

母分散………………………161
母平均………………………161

ま・や・ら

無作為………………………147
有意水準……………………164
四分位範囲……………………68
両側検定……………………172
理論値………………………215
ルート…………………………37

は

範囲……………………………67
ヒストグラム…………………29
標準化…………………124, 130
標準正規分布表………………101
標準偏差………………62, 102
標本…………………………156
標本調査……………………157
標本の大きさ………………156
標本のサイズ………………156
標本平均……………………161
復元抽出……………………147
不偏分散…………73, 191, 232
分布……………………………32
平均……………………………46
変曲下点……………………102
変曲点…………………………99
偏差……………………………60
偏差値………………………129
母集団………………………156
母標準偏差…………………161

269

著者紹介

石井 俊全（いしい・としあき）

1965年、東京生まれ。東京大学建築学科卒、東京工業大学数学科修士課程卒。
大人のための数学教室「和」講師。確率・統計、線形代数から、金融工学、動学マクロ経済に至るまでの幅広い分野で、難しいことを分かりやすく講義している。
著書
『中学入試 計算名人免許皆伝』（東京出版）
『1冊でマスター 大学の微分積分』
『1冊でマスター 大学の線形代数』
『1冊でマスター 大学の統計学』（いずれも技術評論社）
『まずはこの一冊から意味がわかる線形代数』
『まずはこの一冊から意味がわかる統計学』
『まずはこの一冊から意味がわかる多変量解析』
『ガロア理論の頂を踏む』
『一般相対性理論を一歩一歩数式で理解する』（いずれもベレ出版） 他

● ── カバーデザイン 　　三枝 未央
● ── 校閲・校正 　　　　佐々木和美／小山拓輝
● ── DTP・本文図版 　　あおく企画

算数だけで統計学！

2019年 11月 25日 　　　初版発行

著者	石井 俊全
発行者	内田 真介
発行・発売	ベレ出版 〒162-0832　東京都新宿区岩戸町12 レベッカビル TEL.03-5225-4790 FAX.03-5225-4795 ホームページ　http://www.beret.co.jp/
印刷	モリモト印刷株式会社
製本	根本製本株式会社

落丁本・乱丁本は小社編集部あてにお送りください。送料小社負担にてお取り替えします。
本書の無断複写は著作権法上での例外を除き禁じられています。購入者以外の第三者による
本書のいかなる電子複製も一切認められておりません。

©Toshiaki Ishii 2019. Printed in Japan

ISBN 978-4-86064-599-1 C0041 　　　　　　　　　　　　　　編集担当　坂東一郎

好評発売中 まずはこの一冊からシリーズ

ストンと腑に落ちる徹底解説で、これから本格的に学び始める人に最適の一冊！

その概念を可能なかぎり言葉で説明。
さらに数式、図表でもきちんと表現。

まずはこの一冊から 意味がわかる線形代数

石井俊全 著
A5並製 本体価格 2,000 円
978-4-86064-288-4

難しい数式や確率変数の概念を使わずに
図像を用いて分かりやすく解説。

まずはこの一冊から 意味がわかる統計学

石井俊全 著
A5並製 本体価格 2,000 円
978-4-86064-304-1

どう分析して何が得られるのか、
図版を駆使しながら詳しく丁寧に解説。

まずはこの一冊から 意味がわかる多変量解析

石井俊全 著
A5並製 本体価格 1,900 円
978-4-86064-398-0